와 사고력이 가득한 퍼즐 팩토리

맛있는

퍼팩 연산

S6

5~7세

40까지의 수의
덧셈과 뺄셈

수학의 언어, 수와 연산!

수와 연산은 수학 학습의 첫 걸음이며 가장 기본이 되는 영역입니다.
모든 수학의 영역에서 수와 연산은 개념을 표현하는 도구 뿐만이 아닌, 문제 해결의 도구이기도 합니다. 따라서 수학의 언어라고 할 수 있습니다.
언어를 제대로 구사하지 못한다면 생각을 제대로 표현하지 못하고, 의사소통과 상호작용에 문제가 생기게 됩니다. 수학의 언어도 이와 마찬가지로 연산의 기본이 제대로 훈련되지 않으면 정확하게 개념을 이해하기 힘들고, 문제 해결이 어려워지므로 더 높은 단계의 개념과 수학의 다양한 영역으로의 확장에 걸림돌이 될 수 밖에 없습니다.
연산은 간단하고 가볍게 여겨질 수 있지만 앞으로 한 걸음씩 나아가는 발걸음에 큰 영향을 줄 수 있음을 꼭 기억해야 합니다.

피할 수 없다면, 재미있는 반복을!

유아에서 초등 저학년의 아이들이 집중할 수 있는 시간은 길지 않고, 새로운 자극에 예민하며 호기심은 높습니다. 하지만 연산 학습에서 피할 수 없는 부분은 반복 훈련입니다. 꾸준한 반복 훈련으로 아이들의 뇌에 연산의 원리들이 체계적으로 자리를 잡으며 차근차근 다음 단계로 올라가는 것을 목표로 해야 하기 때문입니다.
따라서 피할 수 없다면 재미있는 반복을 통하여 즐거운 연산 훈련을 하도록 해야 합니다. 구체적인 상황과 예시, 다양한 방법을 통한 반복적인 연습을 통하여 기본기를 다지며 연산 원리를 적용할 수 있는 능력을 키울 수 있습니다.
상상만으로 암기하고, 기계적인 반복으로 주입하는 방식으로는 더이상 기본기를 탄탄히 다질 수 없습니다.

왜? 맛있는 퍼팩 연산이어야 할까요!

확실한 원리 학습

문제를 풀면서 희미하게 알게 되는 원리가 아닌, 주제별 원리를 정확하게 배우고, 따라하고, 확장하는 과정을 통해 자연스럽게 개념을 이해하고 스스로 문제를 해결할 수 있습니다.

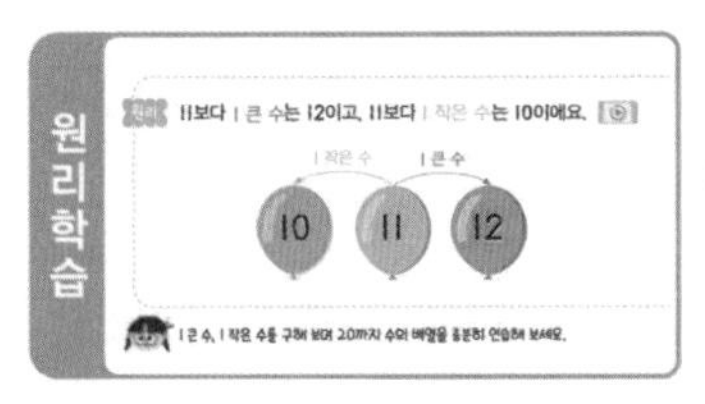

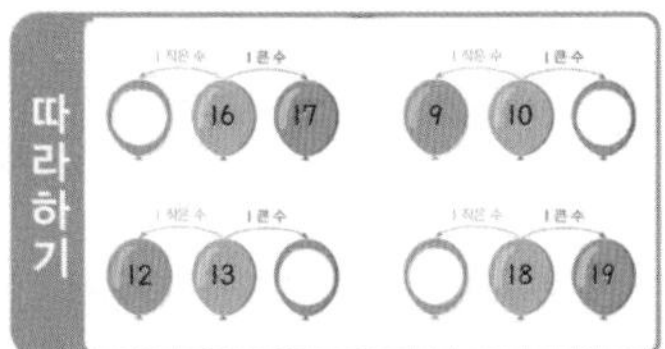

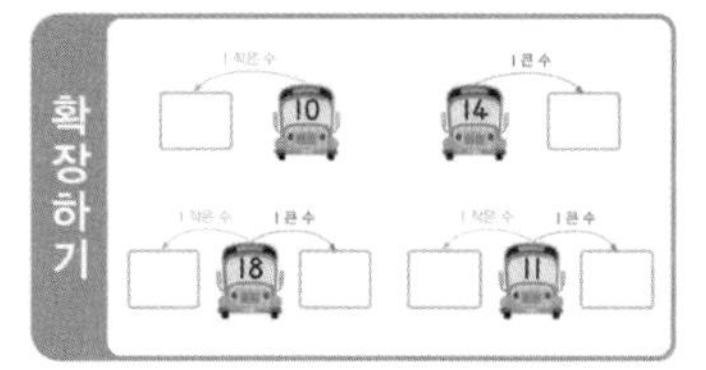

효과적인 반복 훈련의 구성

다양한 방법으로 충분히 원리를 이해한 후 재미있는 단계별 퍼즐을 스스로 해결함으로써 수학 학습에 대한 동기를 부여하여 규칙적으로 훈련하고자 하는 올바른 수학 학습 습관을 길러 줍니다.

예시 **S단계 4권 _ 2주차 : 더하기 1, 빼기 1**

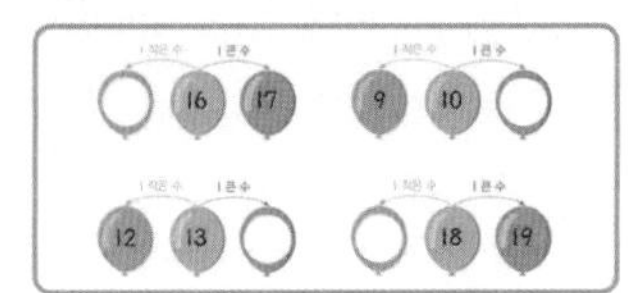

수의 순서를 이용하여
1 큰 수, 1 작은 수 구하기

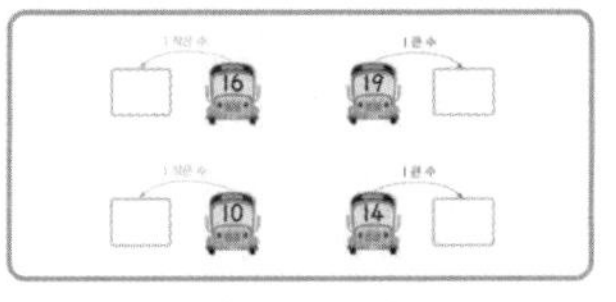

빈칸 채우기

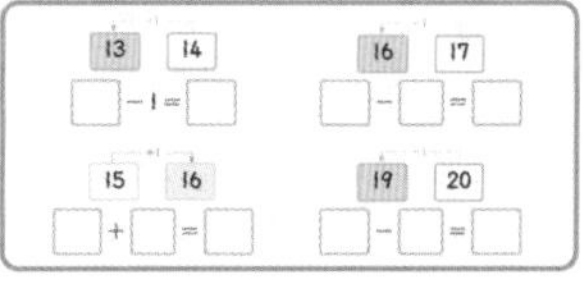

큰 수와 작은 수를 이용한
더하기, 빼기

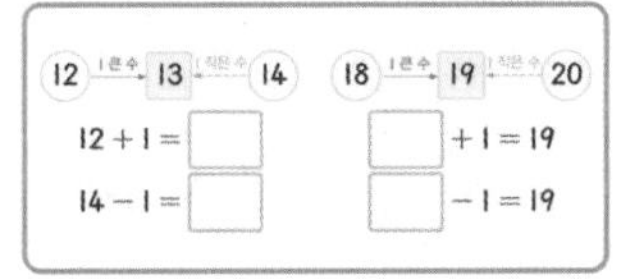

같은 수를 더하기와 빼기로 표현

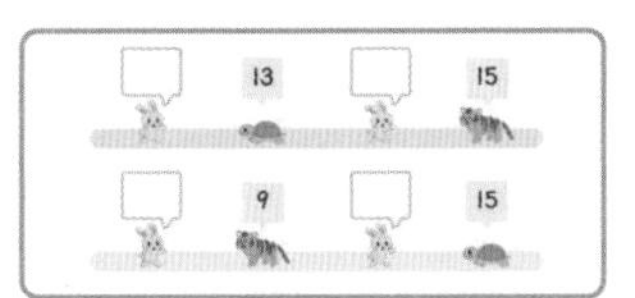

규칙을 이용하여 빈칸 채우기

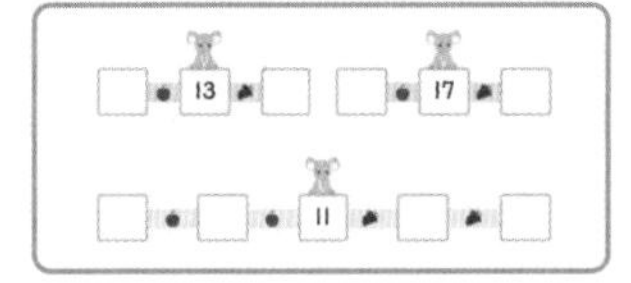

규칙을 이용하여 빈칸 채우기

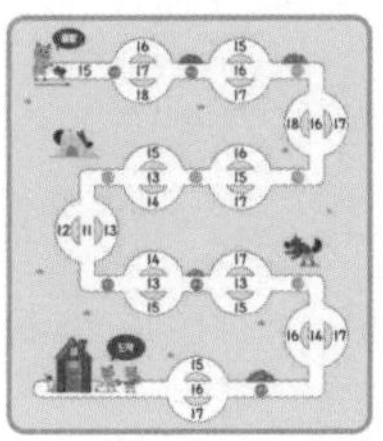

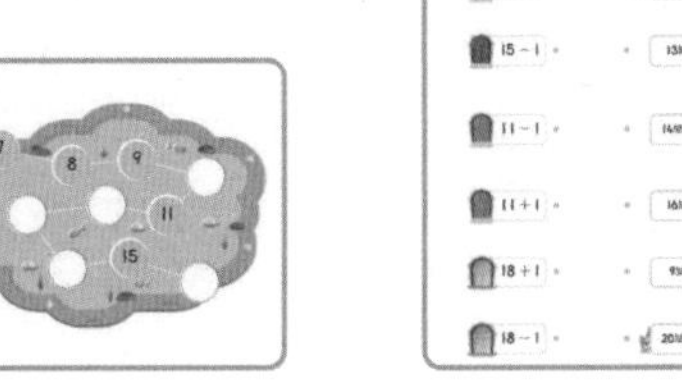

창의·융합 활동을 이용한
더하기, 빼기

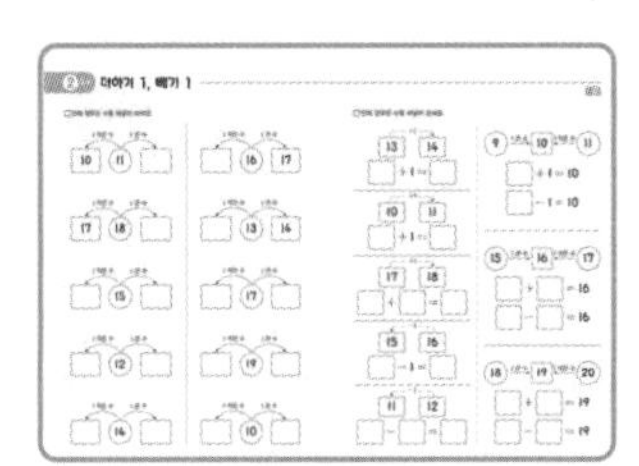

같은 계산 결과끼리
선 연결하기

드릴 연산

한 주의 주제를 구체물, 그림, 퍼즐 연산, 수식 등의 다양한 방법을 통하여 즐겁게 반복합니다.
원리를 충분히 활용하여 재미있게 구성한 퍼즐 연산은 각 퍼즐마다 사고력의 단계를 천천히 높여가므로 탄탄한 계산력이 다져지는 것과 함께 사고력도 키울 수 있습니다.

구성과 특징

본문 주별 학습 주제에 맞춰 1~3일차에는 원리 이해와 충분한 연습을 하고, 4~5일차에는 흥미 가득한 퍼즐 연산으로 사고력까지 키워요.

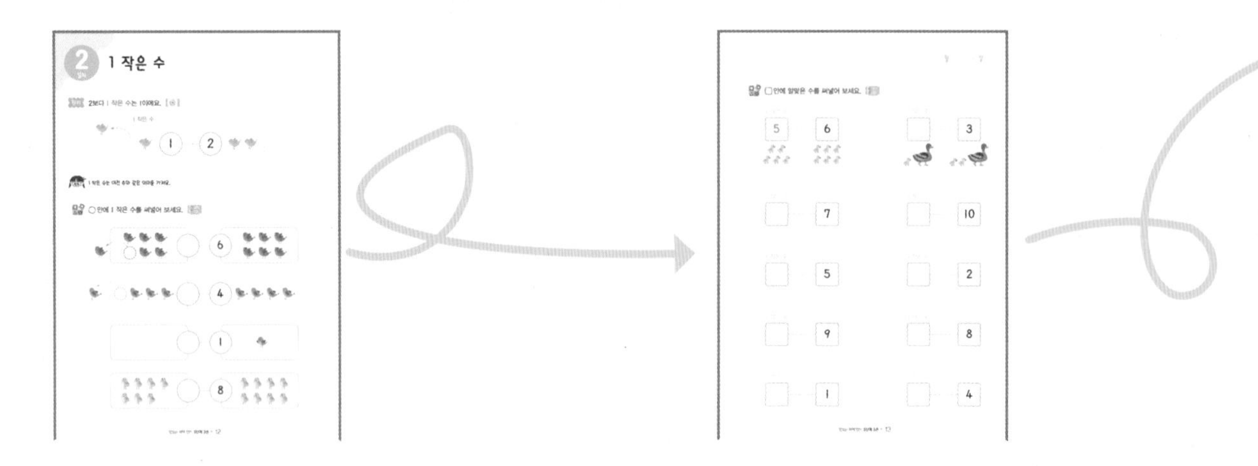

1 한눈에 쏙! 원리 연산

간결하고 쉽게 원리를 배우고
따라해 보면 쉽게 이해할 수 있어요.

2 이해 쑥쑥! 연산 연습

반복 연습을 통해 연산 원리에
대한 이해를 높일 수 있어요.

부록

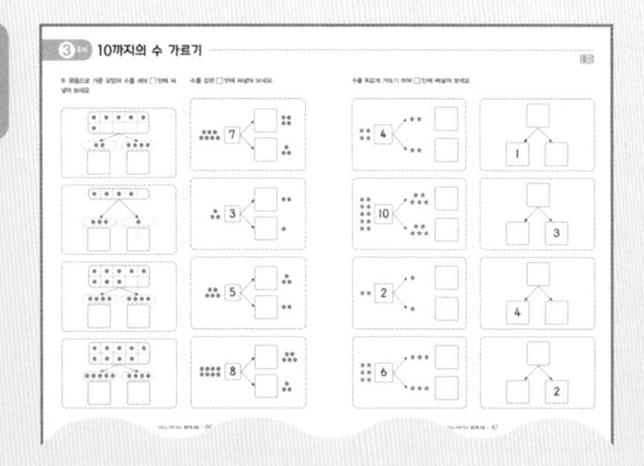

5 집중! 드릴 연산

주별 학습 주제를 복습할 수 있는 드릴 문제로
부족한 부분을 한 번 더 연습할 수 있어요.

이렇게 활용해 보세요!

● 하나

교재의 한 주차 내용을
학습한 후, 반복 학습용으로
활용합니다.

●● 둘

교재의 모든 내용을
학습한 후, 복습용으로
활용합니다.

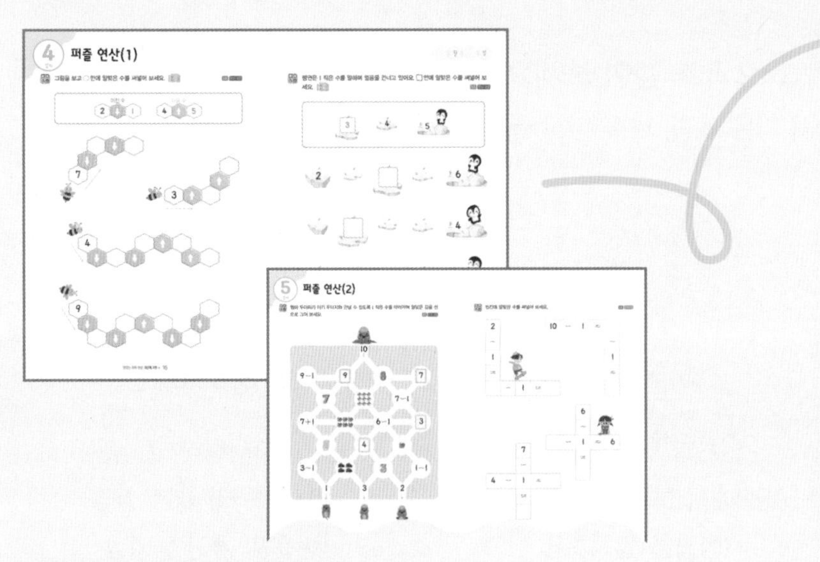

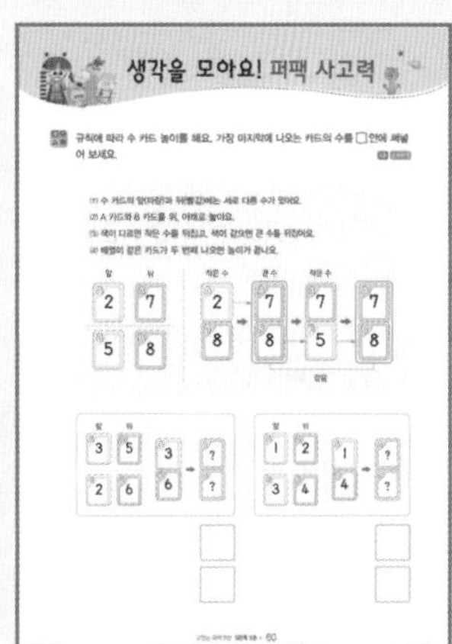

3 흥미 팡팡! 퍼즐 연산

다양한 형태의 문제를 재미있게 연습하며 원리를 적용하는 방법을 익히고 응용력을 키울 수 있어요.

* 퍼즐 연산의 각 문제에 표시된 추론, 문제해결, 의사소통, 정보처리, 창의·융합 은 초등수학 교과역량을 나타낸 것입니다.

4 생각을 모아요! 퍼팩 사고력

4주 동안 배운 내용을 활용하고 깊게 생각하는 문제를 통해서 성취감과 함께 한 단계 발전된 사고력을 키울 수 있어요.

좀 더 자세히 알고 싶을 땐, 동영상 강의를 활용해 보세요!

주차별 첫 페이지 상단의 QR코드를 스캔하면 무료 동영상 강의를 볼 수 있어요. 본문의 원리와 모든 문제를 알기 쉽고 친절하게 설명한 강의를 충분히 활용해 보세요.

'맛있는 퍼팩 연산' APP 이렇게 이용해요.

1. 맛있는 퍼팩 연산 전용 앱으로 학습 효과를 높여 보세요.

맛있는 퍼팩 연산 교재만을 위한 앱에서 자동 채점, 보충 문제, 동영상 강의를 이용할 수 있습니다.

자동 채점

학습한 페이지를
핸드폰 또는 태블릿으로
촬영하면 자동으로
채점이 됩니다.

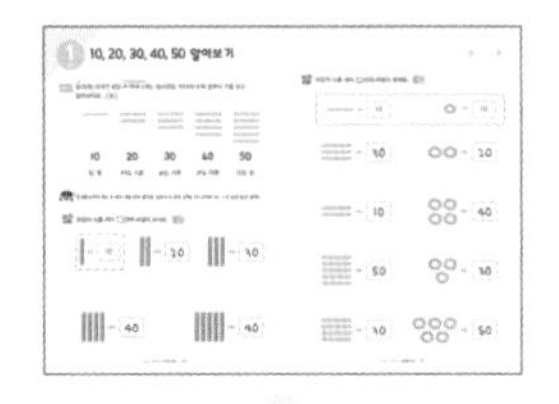

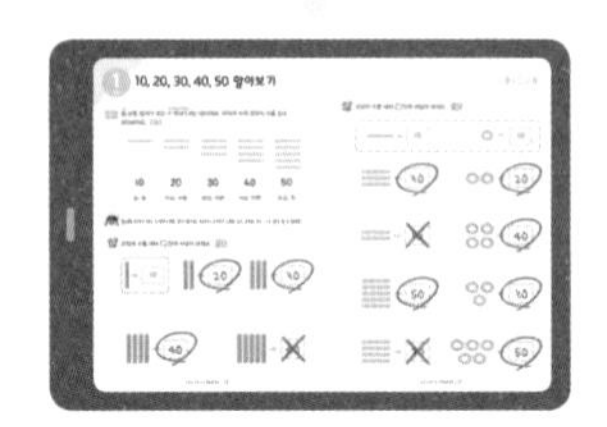

보충 문제

일차별 학습 완료 후
APP에서 보충 문제를 풀고,
정답을 입력하면
바로 채점 결과를
알 수 있습니다.

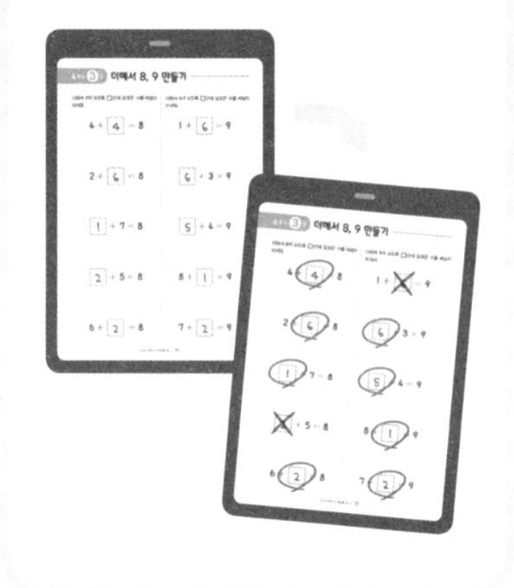

동영상 강의

좀 더 자세히 알고 싶은
내용은 원리 개념 설명
및 문제 풀이 동영상
강의를 통하여 완벽하게
이해할 수 있습니다.

2. 사용 방법

 구글 플레이스토어에서 **'맛있는 퍼팩 연산'** 앱 다운로드

 앱스토어에서 **'맛있는 퍼팩 연산'** 앱 다운로드

＊ 앱 다운로드

Android 

iOS 

＊ '맛있는 퍼팩 연산' 앱은 2022년 7월부터 체험이 가능합니다.

맛있는 퍼팩 연산 | 단계별 커리큘럼

* 제시된 연령은 권장 연령이므로 학생의 학습 상황에 맞게 선택하여 사용할 수 있습니다.

S단계 | 5~7세

1권	9까지의 수	4권	20까지의 수의 덧셈과 뺄셈
2권	10까지의 수의 덧셈	5권	30까지의 수의 덧셈과 뺄셈
3권	10까지의 수의 뺄셈	6권	40까지의 수의 덧셈과 뺄셈

P단계 | 7세 · 초등 1학년

1권	50까지의 수	4권	뺄셈구구
2권	100까지의 수	5권	10의 덧셈과 뺄셈
3권	덧셈구구	6권	세 수의 덧셈과 뺄셈

A단계 | 초등 1학년

1권	받아올림이 없는 (두 자리 수)+(두 자리 수)	4권	받아올림과 받아내림
2권	받아내림이 없는 (두 자리 수)−(두 자리 수)	5권	두 자리 수의 덧셈과 뺄셈
3권	두 자리 수의 덧셈과 뺄셈의 관계	6권	세 수의 덧셈과 뺄셈

B단계 | 초등 2학년

1권	받아올림이 있는 두 자리 수의 덧셈	4권	세 자리 수의 뺄셈
2권	받아내림이 있는 두 자리 수의 뺄셈	5권	곱셈구구(1)
3권	세 자리 수의 덧셈	6권	곱셈구구(2)

C단계 | 초등 3학년

1권	(세 자리 수)×(한 자리 수)	4권	나눗셈
2권	(두 자리 수)×(두 자리 수)	5권	(두 자리 수)÷(한 자리 수)
3권	(세 자리 수)×(두 자리 수)	6권	(세 자리 수)÷(한 자리 수)

차례

1 주차 40까지의 수 알아보기

1주차에서는 31부터 40까지의 수를 알아보고, 수의 순서를 배웁니다.
5권까지 배운 30까지의 수를 확장하여 40까지의 수의 순서를 익히며
수 체계의 기초를 다질 수 있습니다.

1 일차

31~40 알아보기

원리 31부터 40까지의 수를 알아보아요.

31	32	33	34	35
삼십일, 서른하나	삼십이, 서른둘	삼십삼, 서른셋	삼십사, 서른넷	삼십오, 서른다섯

36	37	38	39	40
삼십육, 서른여섯	삼십칠, 서른일곱	삼십팔, 서른여덟	삼십구, 서른아홉	사십, 마흔

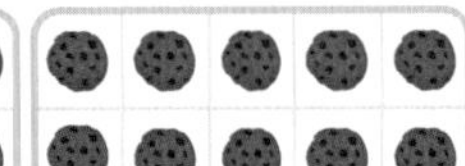
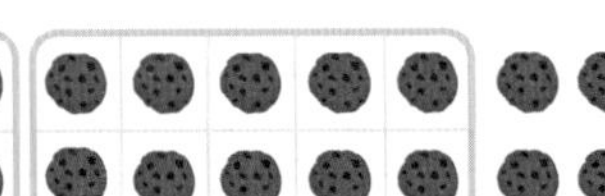

34

10개씩 묶음 3개와 낱개 4개를 34라고 합니다.

쿠키의 수를 세어 □ 안에 써넣어 보세요.

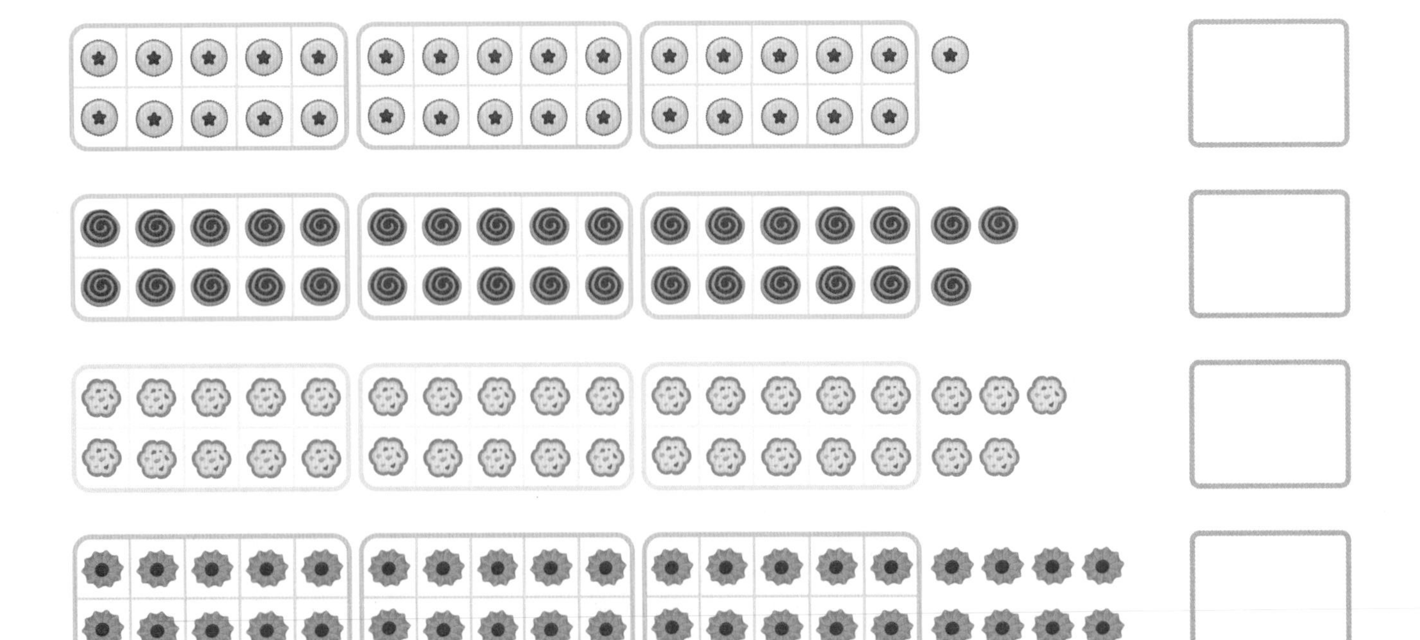

 색연필의 수를 세어 □ 안에 써넣어 보세요. 

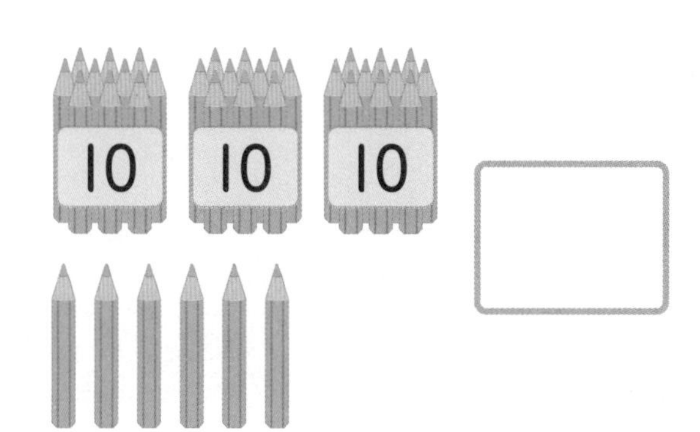

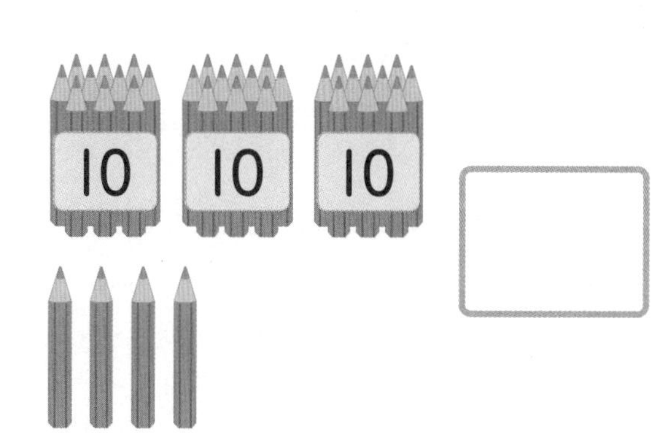

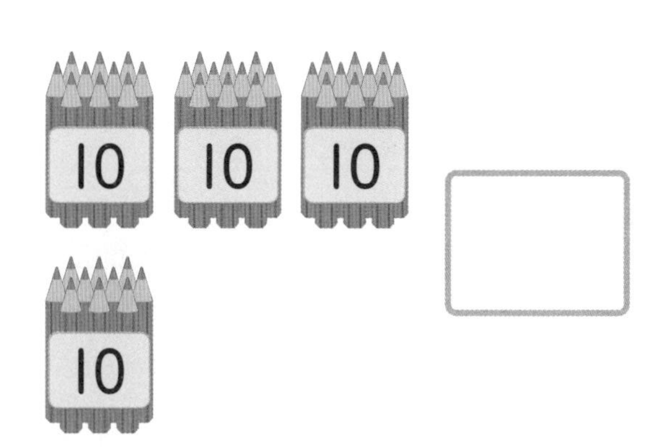

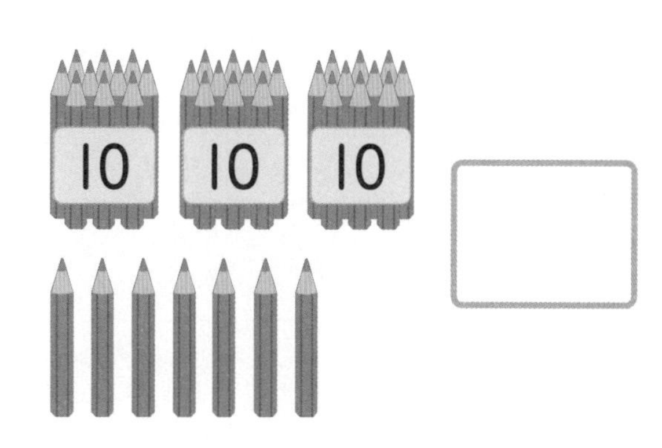

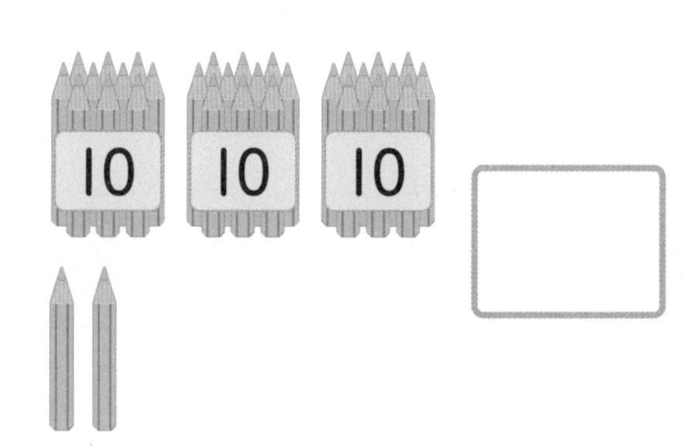

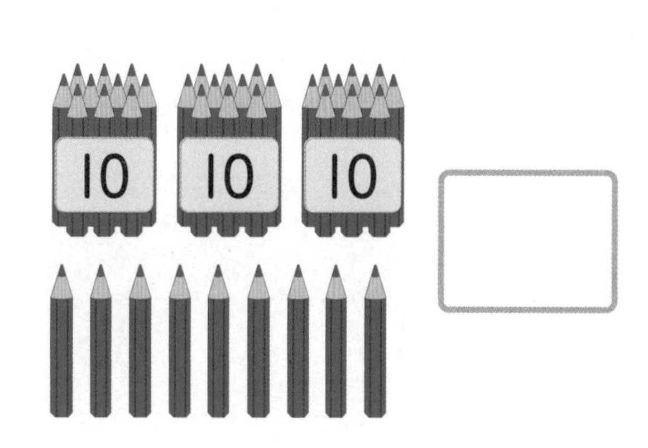

31~40까지 수의 순서

31부터 40까지 수의 순서를 알아보아요. 

31 32 33 34 35 36 37 38 39 40

중간에서부터 수를 순서대로 세거나 수의 순서를 거꾸로 세는 연습도 충분히 해 주세요.

수의 순서에 맞게 빈칸에 알맞은 수를 써넣어 보세요. 

	32		34	35		37

31		33	34		36	37		39	

	32	33		35		37	38		40

33		35	36		38	

열기구의 빈 곳에 들어갈 알맞은 수를 □ 안에 써넣어 보세요.

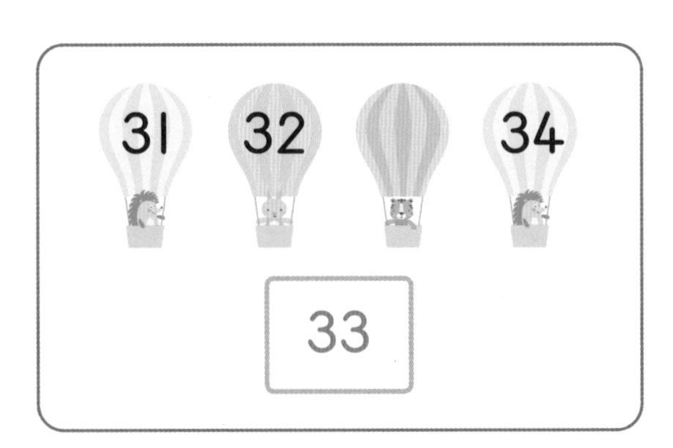

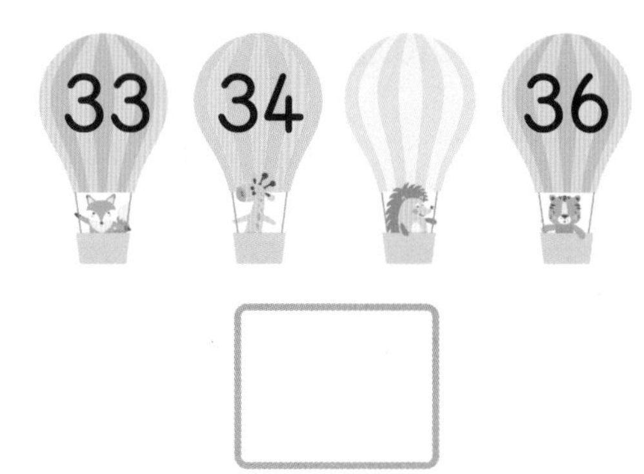

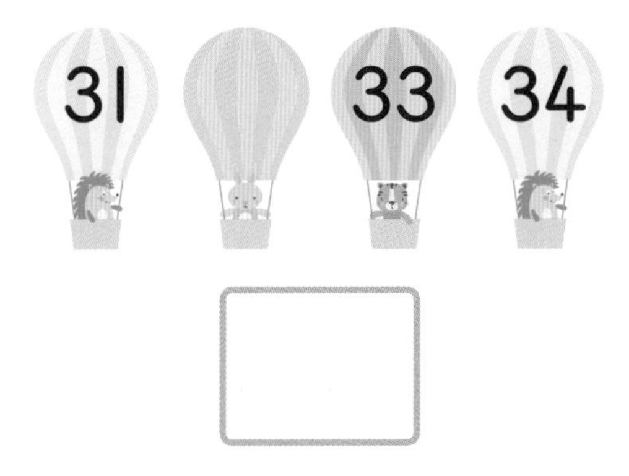

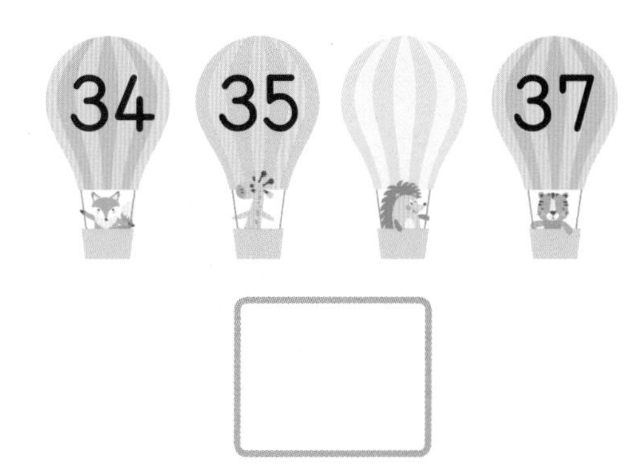

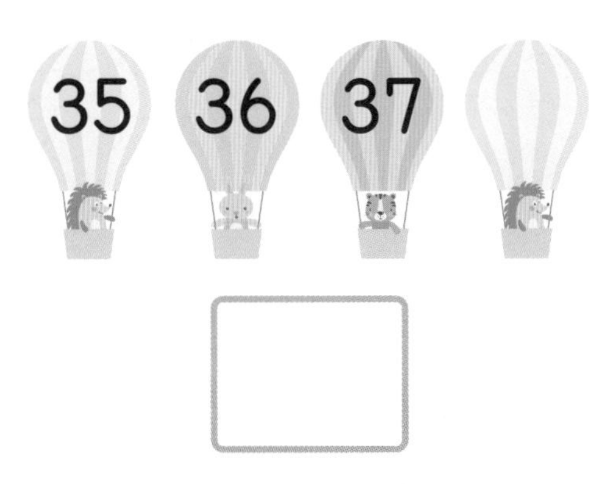

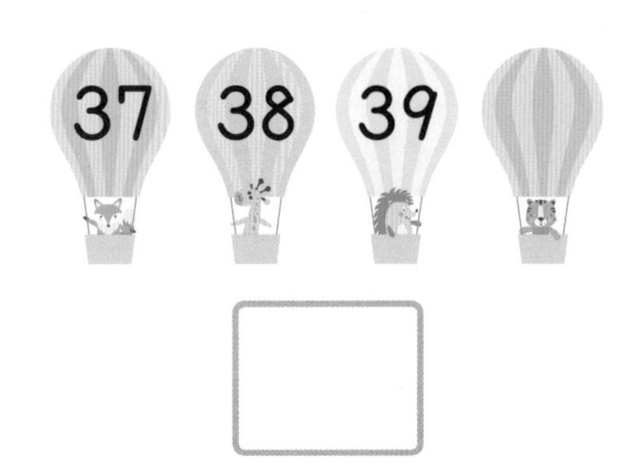

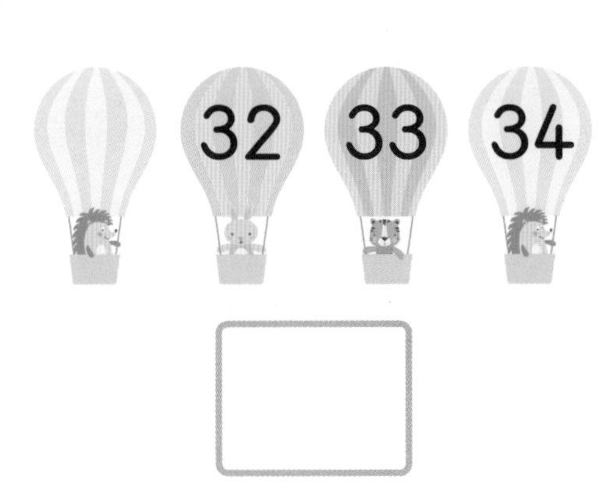

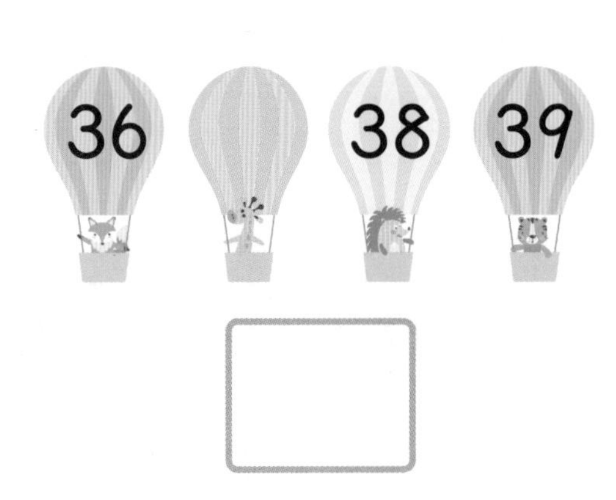

다음 수, 이전 수, 사이의 수

자의 눈금마다 31부터 40까지의 수가 있어요. 32 다음 수는 33이고, 34 이전 수는 33이에요.

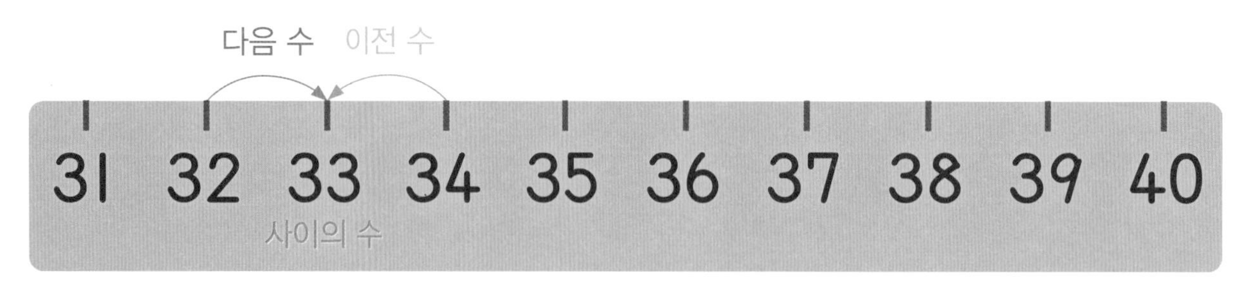

32 다음 수이면서 34 이전 수인 33을 사이의 수라고 해요.

32 다음 수는 33이라는 것을 학습하게 되면 32보다 1 큰 수는 33이라는 것을 쉽게 알 수 있어요.

□ 안에 알맞은 수를 써넣어 보세요. 

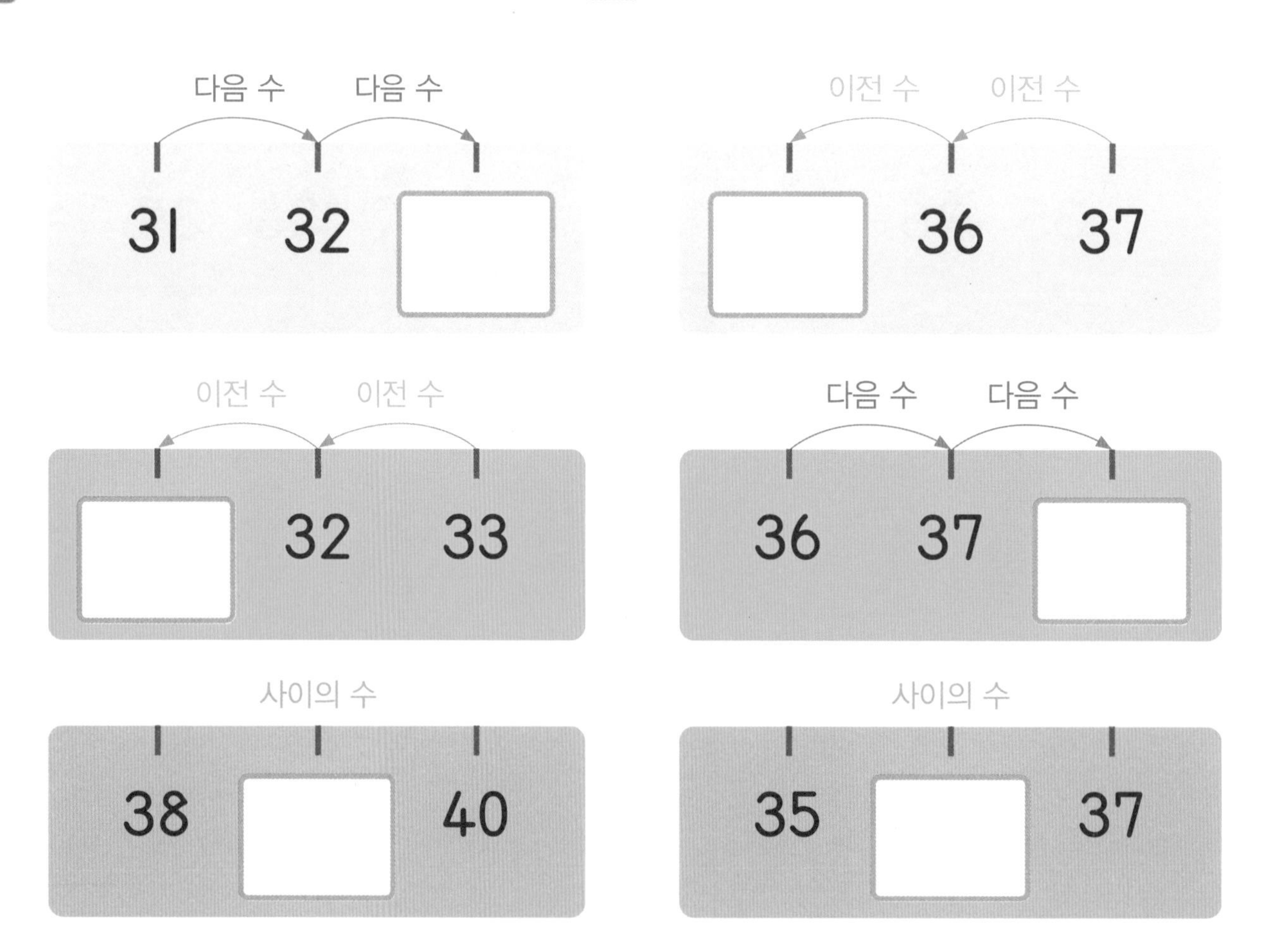

□안에 알맞은 수를 써넣어 보세요.

사이의 수

36 □ 38

퍼즐 연산(1)

그림을 이용하여 수를 표현했어요. □ 안에 알맞은 수를 써넣어 보세요. 

추론

33

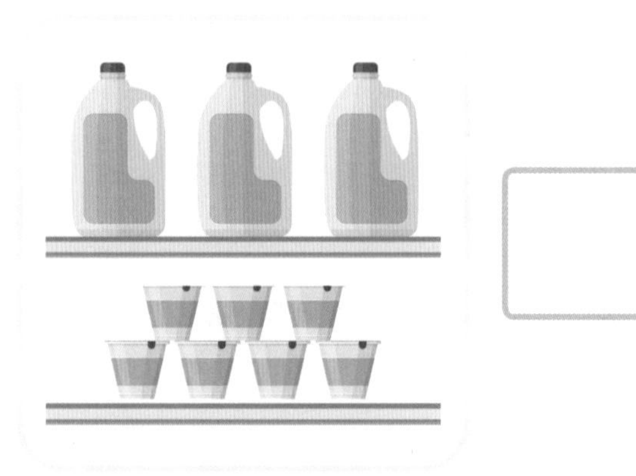

월 일

 작은 수부터 순서대로 □ 안에 써넣어 보세요.  추론

31	32	33

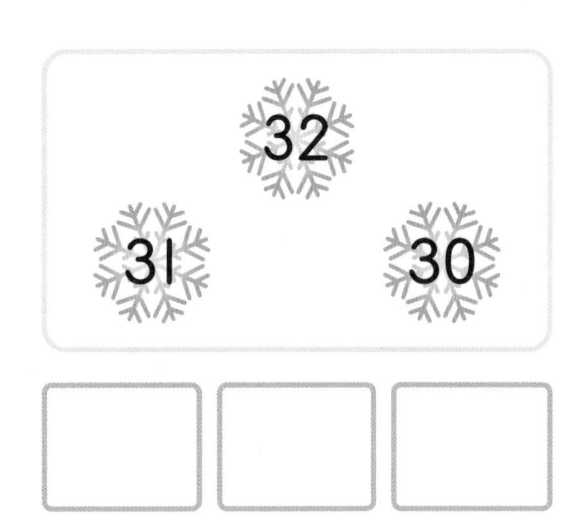

퍼즐 연산(2)

순서를 거꾸로 하여 □ 안에 알맞은 수를 써넣어 보세요. 추론

40 38 39

층수를 나타내는 버튼이 있어요. 그림을 보고 빈 곳에 알맞은 붙임딱지를 붙여 보세요.

산타가 선물을 주러 가고 있어요. 수의 순서대로 바르게 따라가며 선으로 길을 그어 보세요.

추론 창의·융합

서른팔 사십 서른아홉

36 37 38 서른여섯

삼십하나 36 37

30 29 삼십오 25

31 23 34

삼십셋 서른둘 33 32

2 주차 더하기 1, 빼기 1

2주차에서는 1 큰 수와 1 작은 수를 이용하여 더하기 1과 빼기 1을 배웁니다. 더하기와 빼기의 개념을 이용하여 같은 수를 다르게 표현할 수 있습니다.

1 큰 수, 1 작은 수

1 일차

원리 32보다 1 큰 수는 33이고, 32보다 1 작은 수는 31이에요.

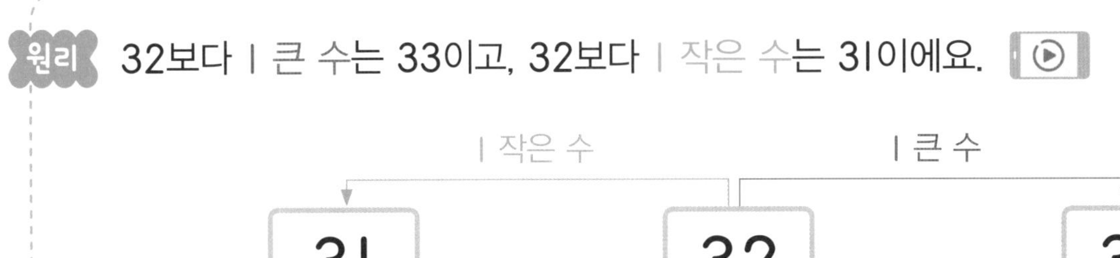

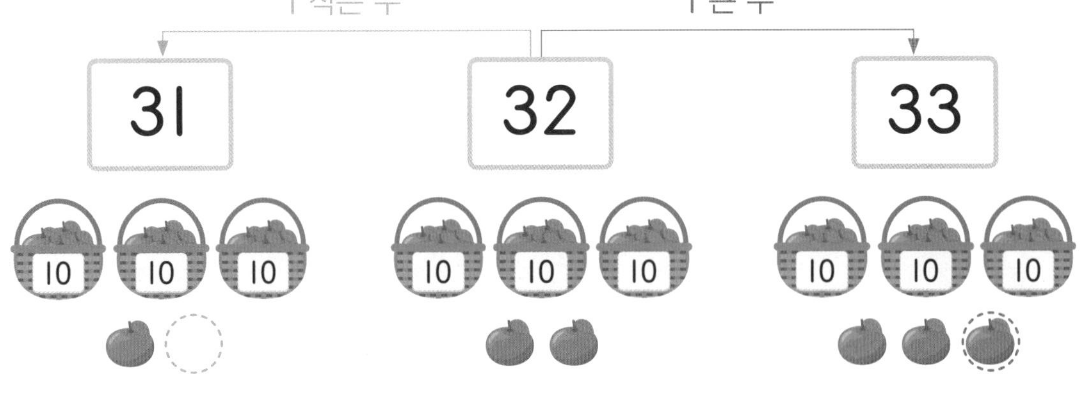

□ 안에 알맞은 수를 써넣어 보세요.

□ 안에 알맞은 수를 써넣어 보세요.

2 일차 더하기 1, 빼기 1(1)

원리 1 큰 수는 더하기 1, 1 작은 수는 빼기 1로 나타낼 수 있어요.

+1: 33 → 34

1 큰 수는 +1로 나타내요.

33 + 1 = 34

−1: 32 → 31

1 작은 수는 −1로 나타내요.

32 − 1 = 31

□ 안에 알맞은 수를 써넣어 보세요. 

+1: 30 → 31

30 + 1 = 31

+1: 35 → 36

□ + □ = □

−1: 31 → 30

□ − □ = □

−1: 39 → 38

□ − □ = □

+1: 37 → 38

□ + □ = □

−1: 35 → 34

□ − □ = □

 □ 안에 알맞은 수를 써넣어 보세요. 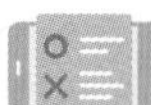

$34+1=\square$

$32-1=\square$

$39+1=\square$

$36-1=\square$

$36+1=\square$

$40-1=\square$

$31+1=\square$

$34-1=\square$

$37+1=\square$

$37-1=\square$

$32+1=\square$

$35-1=\square$

$38+1=\square$

$38-1=\square$

3 일차 더하기 1, 빼기 1(2)

원리 같은 수를 다른 방법으로 표현할 수 있어요.

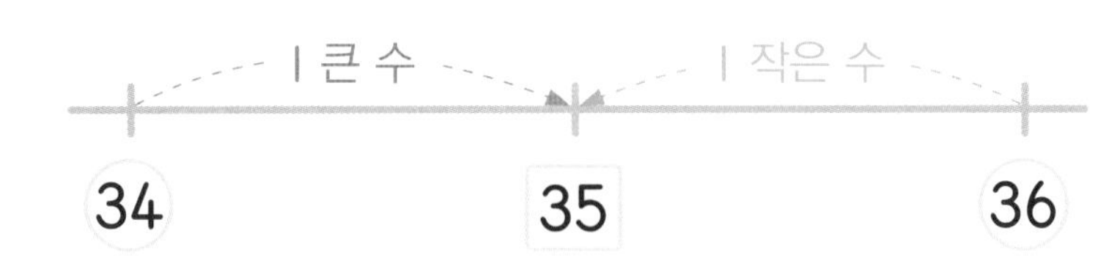

35는 34보다 1 큰 수, 36보다 1 작은 수로 나타낼 수 있어요.

$34 + 1 = 35$　　$36 - 1 = 35$

더하기와 빼기로 나타낼 수도 있어요.

□ 안에 알맞은 수를 써넣어 보세요. 

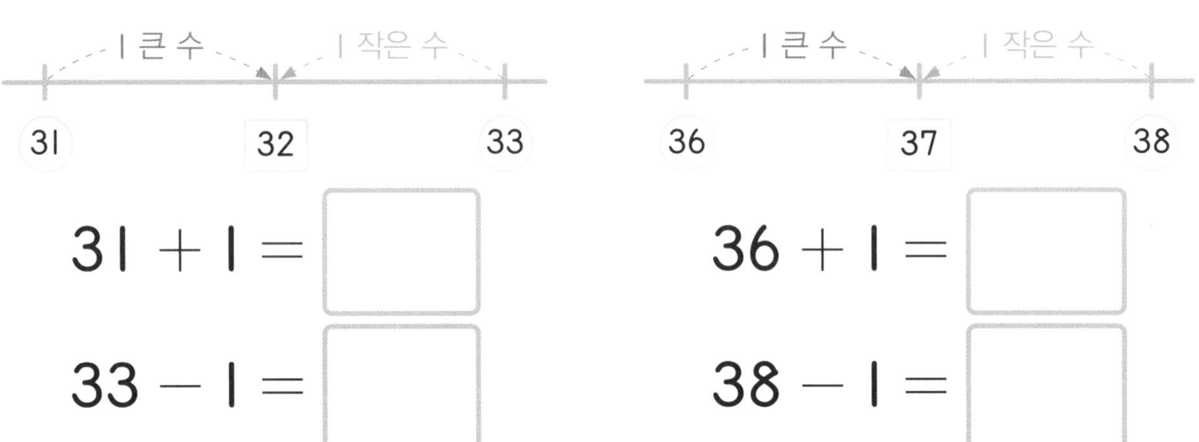
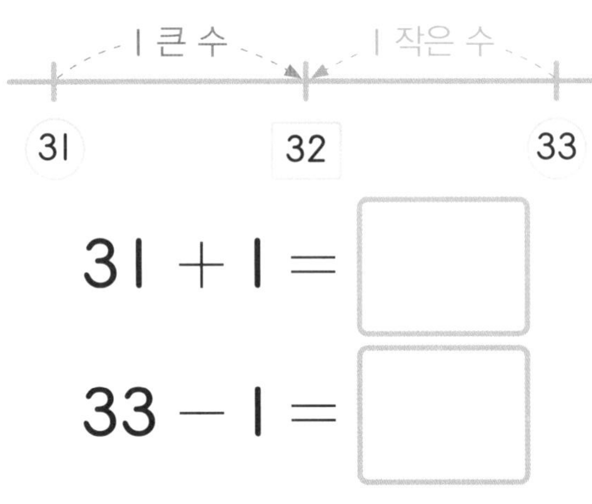

$31 + 1 = \square$

$33 - 1 = \square$

$36 + 1 = \square$

$38 - 1 = \square$

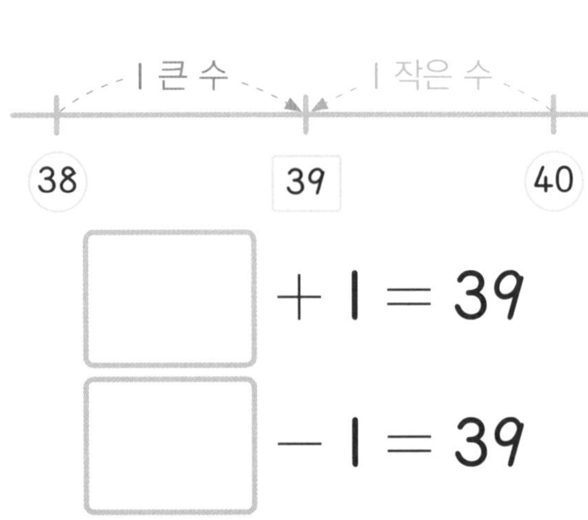

$\square + 1 = 39$

$\square - 1 = 39$

1 큰 수　1 작은 수

35　36　37

$35 + \square = 36$

$37 - \square = 36$

 더하기 1과 빼기 1로 칠판에 적힌 수를 만들어 보세요. 

33

32 + 1 = 33

34 − 1 = 33

31

□ + 1 = 31

32 − □ = 31

32

□ + 1 = □

□ − 1 = □

39

38 + □ = □

40 − □ = □

34

□ + □ = 34

□ − □ = 34

38

□ + □ = 38

□ − □ = 38

퍼즐 연산(1)

 그림을 보고 □ 안에 알맞은 수를 써넣어 보세요. 

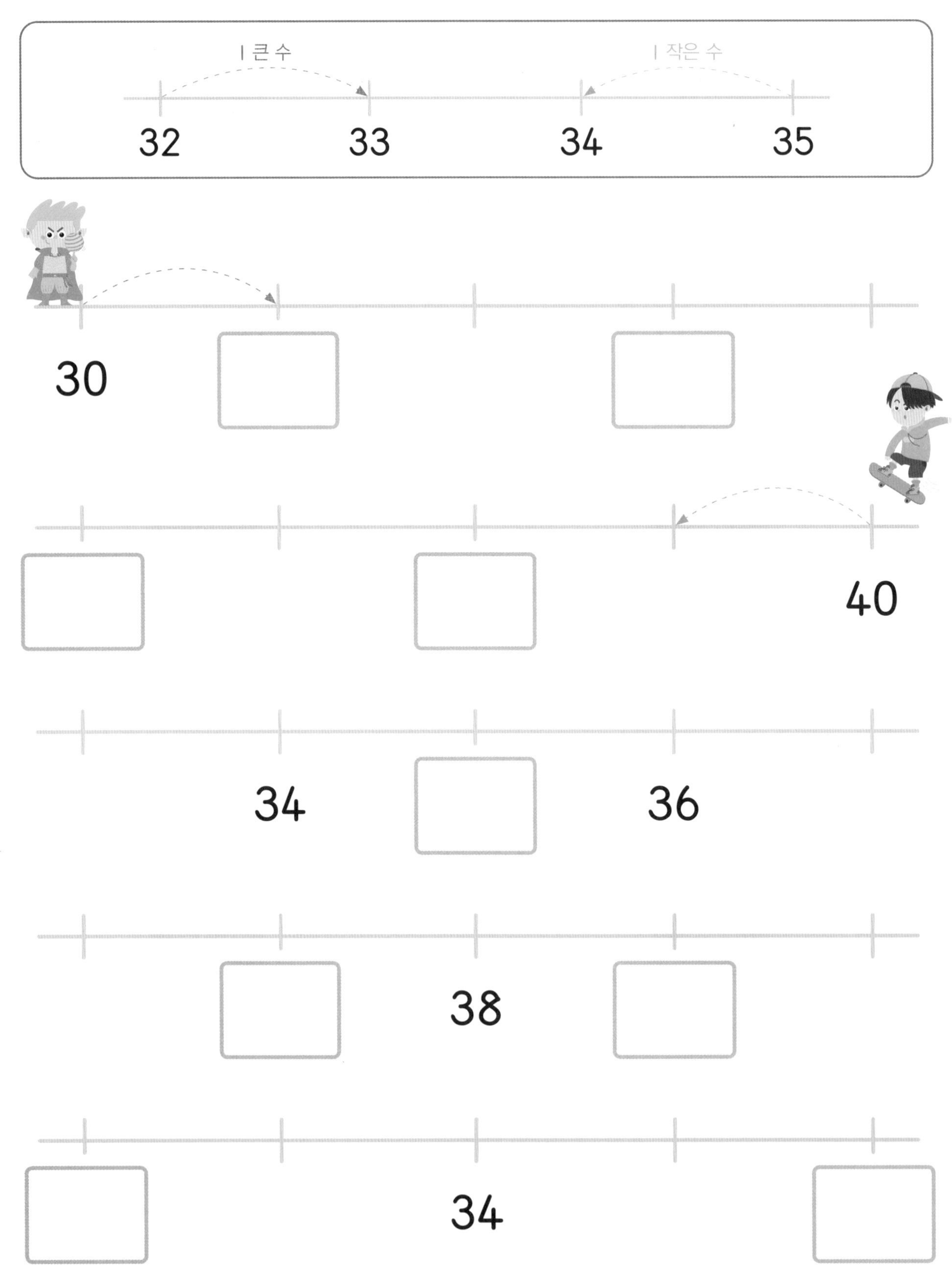

규칙을 보고 □ 안에 알맞은 수를 써넣어 보세요.  추론

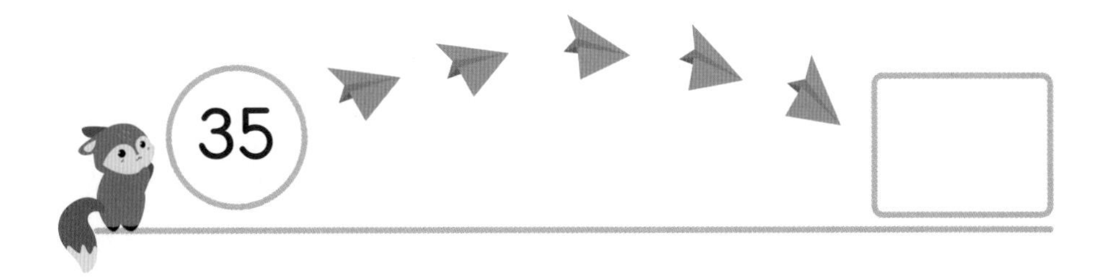

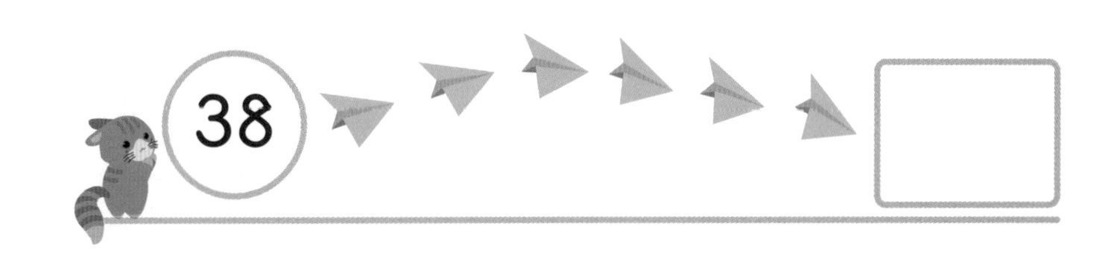

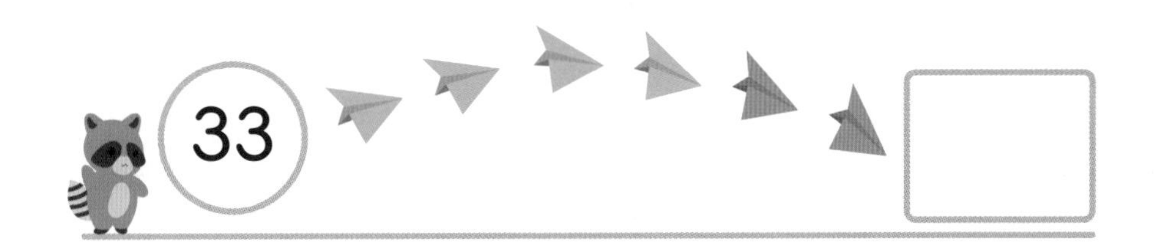

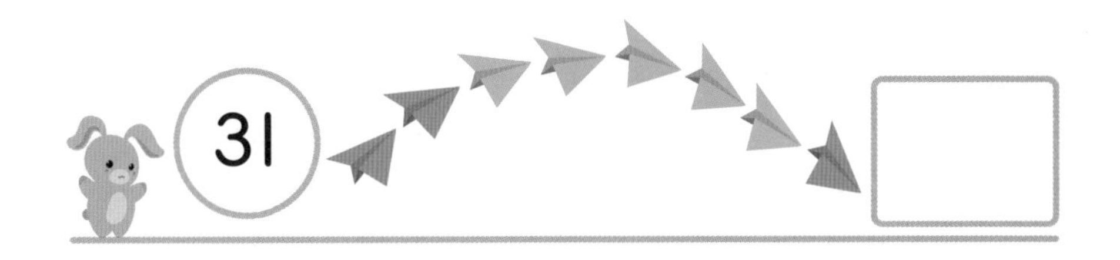

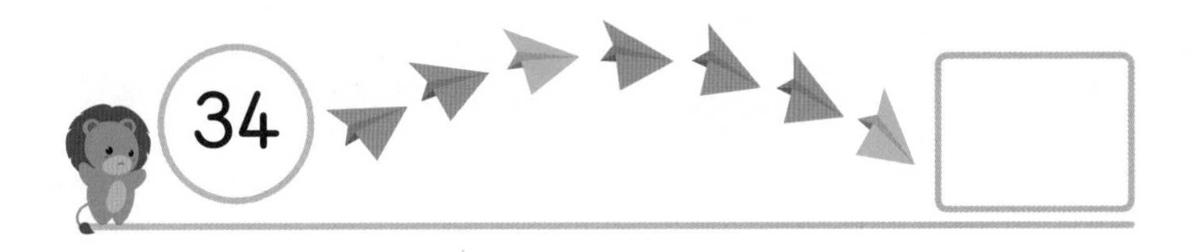

퍼즐 연산(2)

계산 결과가 같은 것끼리 선을 그어 보세요. 추론

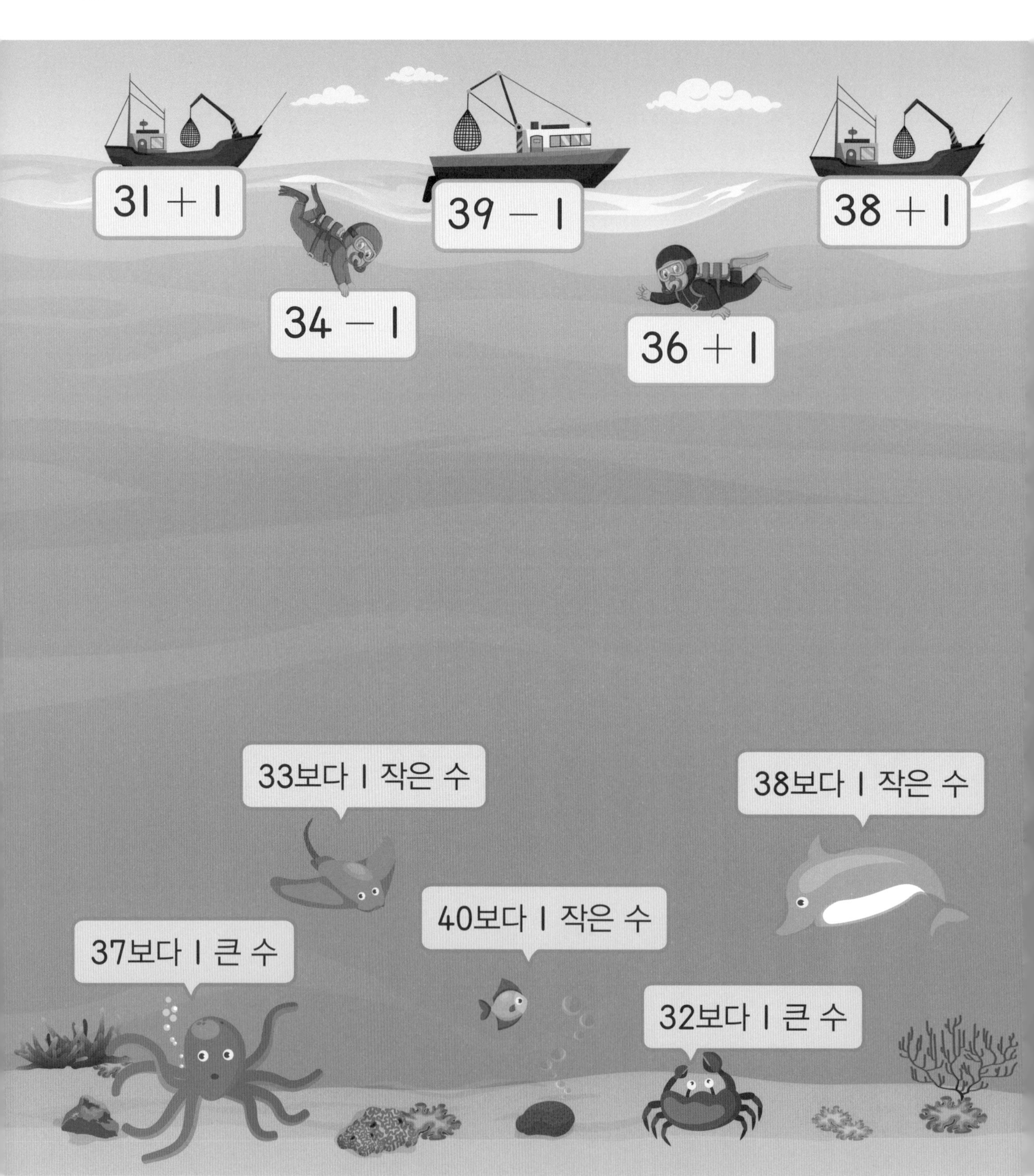

규칙에 따라 계산한 결과가 가장 큰 것에 ◯ 해 보세요.

추론 문제해결

31 ★ 1 = 32　　32 ♥ 1 = 31

35 ★ 1　　34 ♥ 1　　34 ★ 1

32 ♥ 1　　31 ★ 1　　35 ♥ 1

38 ★ 1　　38 ♥ 1　　39 ★ 1　　36 ♥ 1

29 ★ 1　　39 ♥ 1　　35 ★ 1　　34 ♥ 1

계산 결과가 같은 것을 따라가면 바구니를 채울 수 있어요. 알맞은 길을 선으로 그어 보세요.

추론 창의·융합

34 − 1

36 − 1

34보다 1 큰 수

34보다 1 작은 수

31

30보다 1 작은 수

32보다 1 작은 수

32보다 1 큰 수

30보다 1 큰 수

40 − 1

37 − 1

39보다 1 큰 수

38보다 1 큰 수

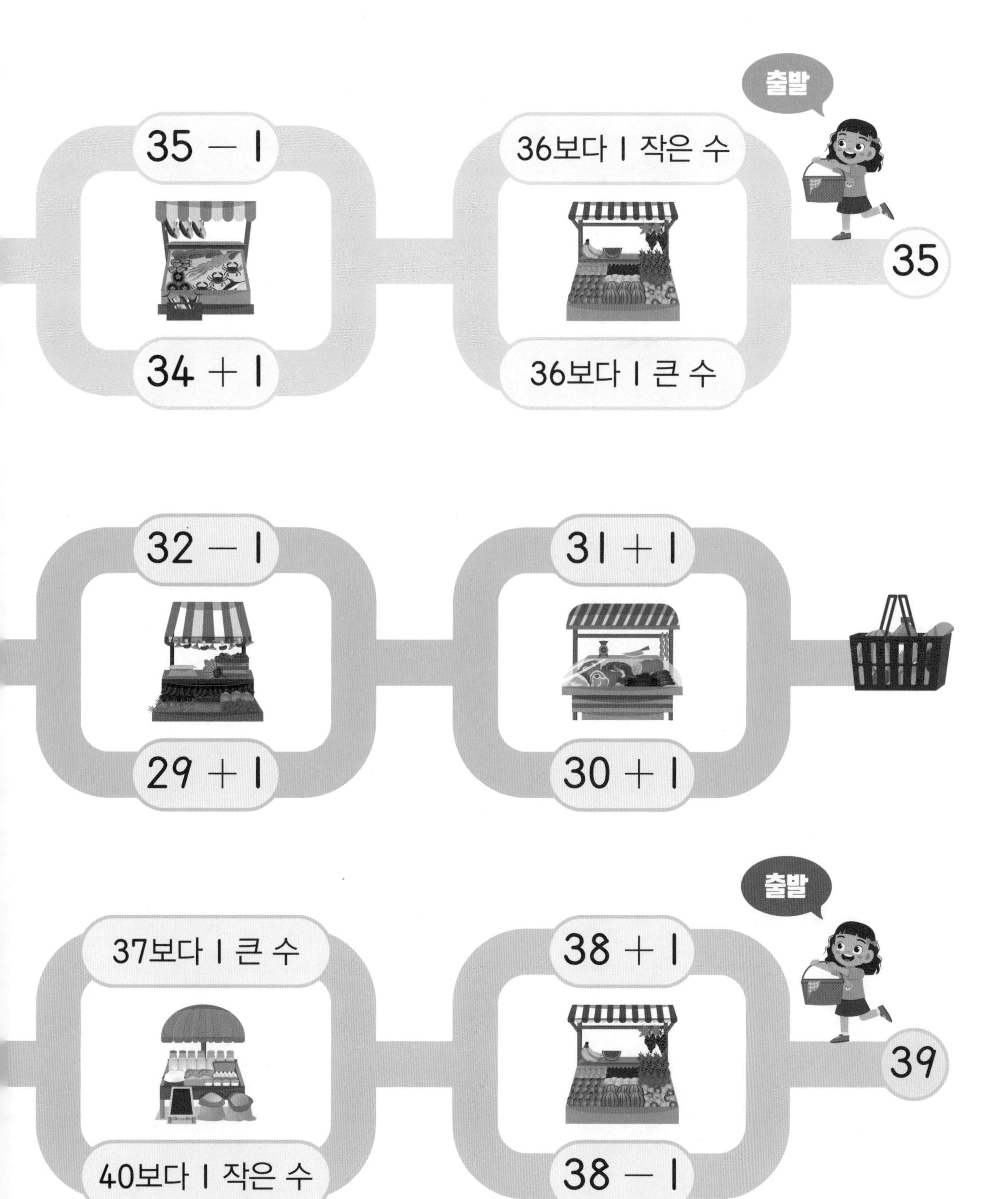
출발
35 − 1
36보다 1 작은 수
35
34 + 1
36보다 1 큰 수
32 − 1
31 + 1
29 + 1
30 + 1
출발
37보다 1 큰 수
38 + 1
39
40보다 1 작은 수
38 − 1

□ 안에 알맞은 수를 써넣어 보세요.

31 + 1 = ◆
◆ + 1 = ▲

◆	▲
32	33

38 − 1 = ▲
▲ − 1 = ◆

▼ + 1 = 40
■ − 1 = ▼

33 − 1 = ♥
♥ − 1 = ★
■ + 1 = ★

35 − 1 = ◆
◆ + 1 = ●
★ − 1 = ●

3 주차 더하기 2, 빼기 2

3주차에서는 2 큰 수와 2 작은 수를 이용하여 더하기 2와 빼기 2를 배웁니다. 더하기와 빼기의 개념을 이용하여 같은 수를 다르게 표현할 수 있습니다.

1 일차 2 큰 수, 2 작은 수

원리 34보다 2 큰 수는 36이고, 36보다 2 작은 수는 34예요.

2 큰 수 2 큰 수

31 32 33 34 35 36 37 38 39 40

2 작은 수 2 작은 수

빈 곳에 들어갈 알맞은 수를 ☐ 안에 써넣어 보세요.

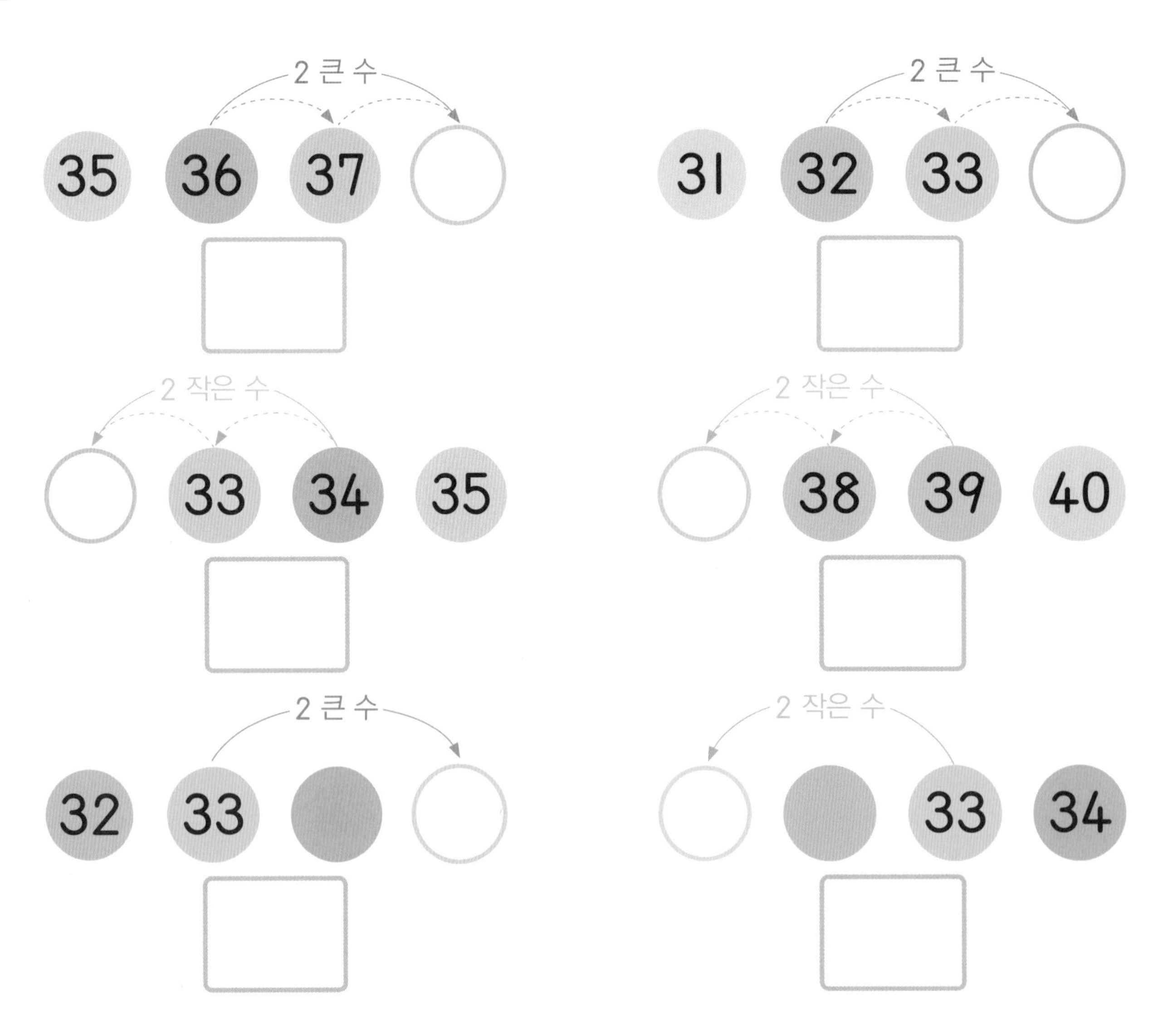

□ 안에 알맞은 수를 써넣어 보세요. 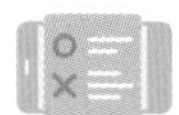

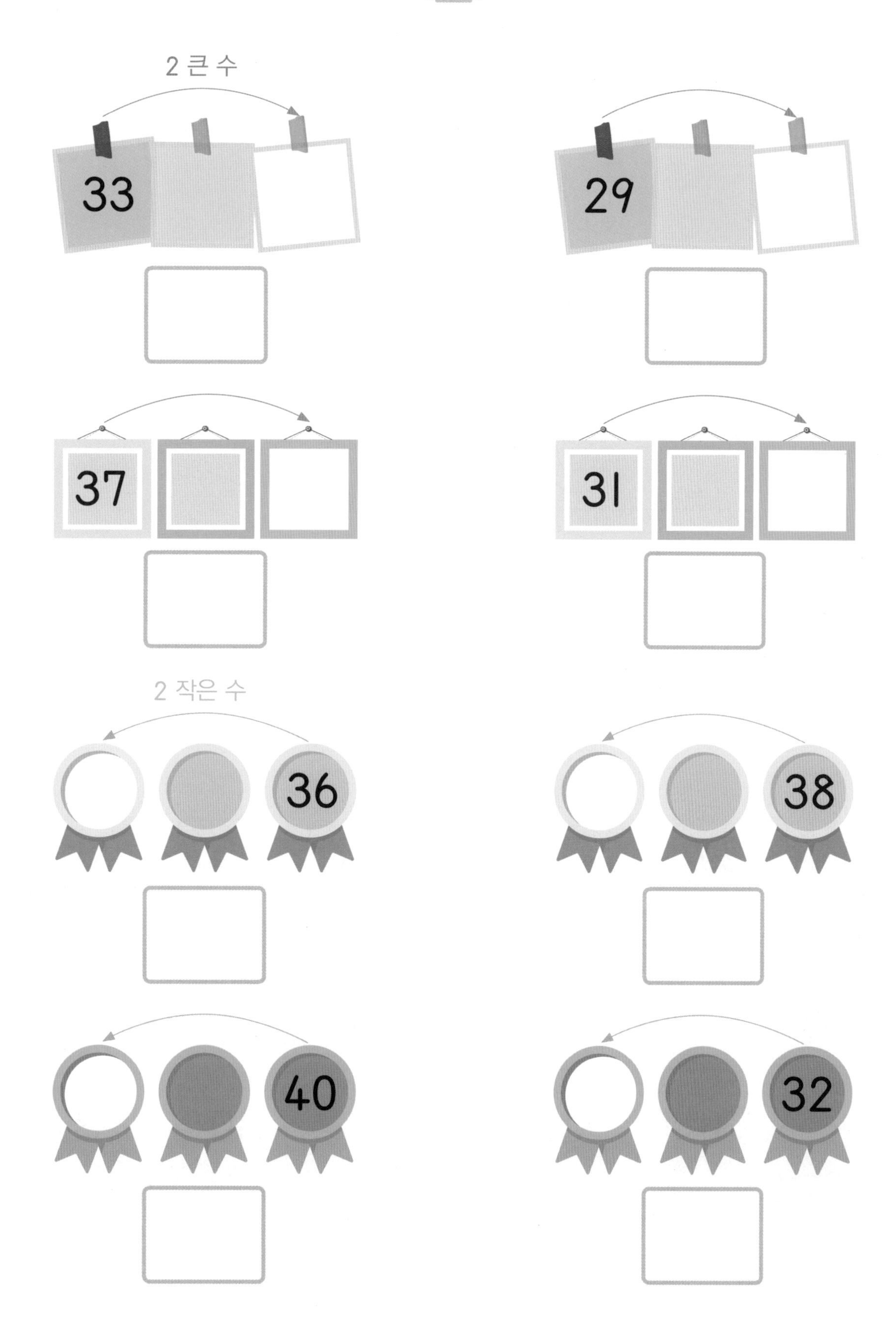

2 일차 더하기 2, 빼기 2(1)

원리 2 큰 수는 더하기 2, 2 작은 수는 빼기 2로 나타낼 수 있어요.

+2: 31 32 33

2 큰 수는 +2로 나타내요.

$31 + 2 = 33$

−2: 34 35 36

2 작은 수는 −2로 나타내요.

$36 - 2 = 34$

□ 안에 알맞은 수를 써넣어 보세요. 

−2: 32 34

34 − 2 = 32

−2: 38 40

□ − □ = □

+2: 32 34

□ + □ = □

+2: 35 37

□ + □ = □

−2: 31 33

□ − □ = □

+2: 30 32

□ + □ = □

 □ 안에 알맞은 수를 써넣어 보세요. 

$37 + 2 = \square$

$35 + 2 = \square$

$34 + 2 = \square$

$32 + 2 = \square$

$38 + 2 = \square$

$36 + 2 = \square$

$33 + 2 = \square$

$32 - 2 = \square$

$31 - 2 = \square$

$35 - 2 = \square$

$36 - 2 = \square$

$33 - 2 = \square$

$37 - 2 = \square$

$34 - 2 = \square$

3 일차 더하기 2, 빼기 2(2)

원리 같은 수를 다른 방법으로 표현할 수 있어요.

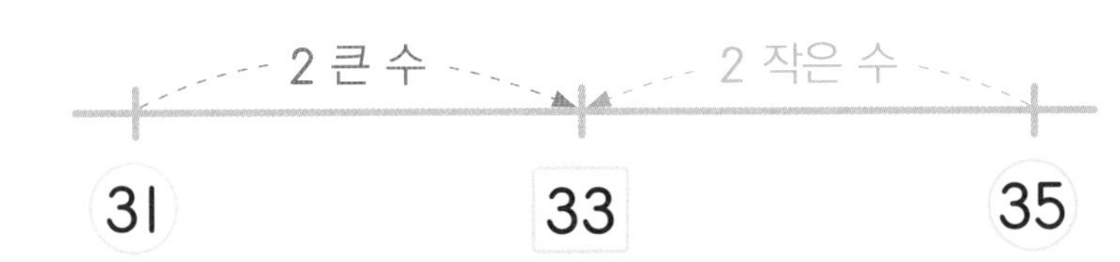

33은 31보다 2 큰 수, 35보다 2 작은 수로 나타낼 수 있어요.

$31 + 2 = \boxed{33}$ $35 - 2 = \boxed{33}$

더하기와 빼기로 나타낼 수도 있어요.

□ 안에 알맞은 수를 써넣어 보세요. 

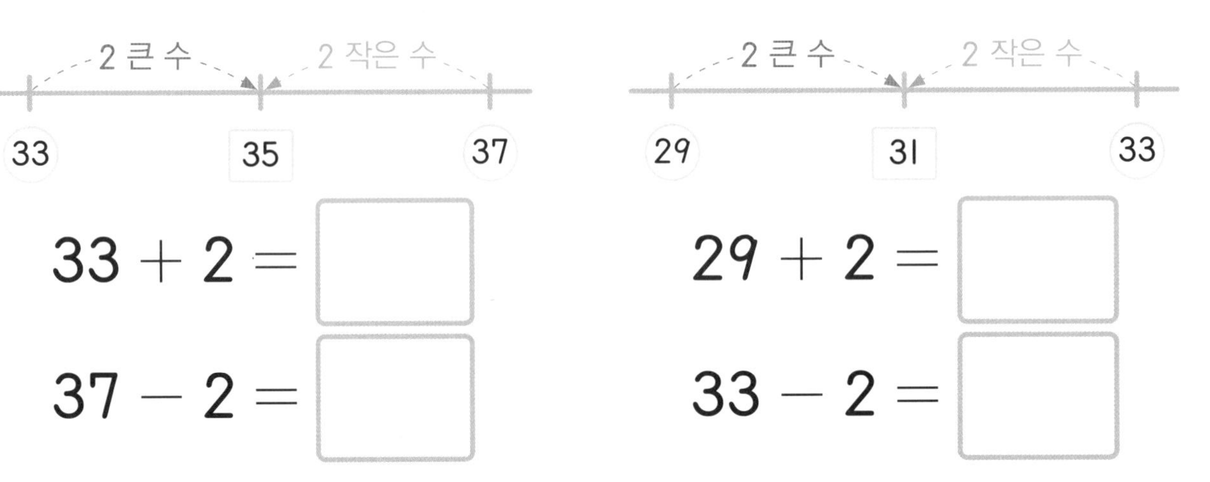

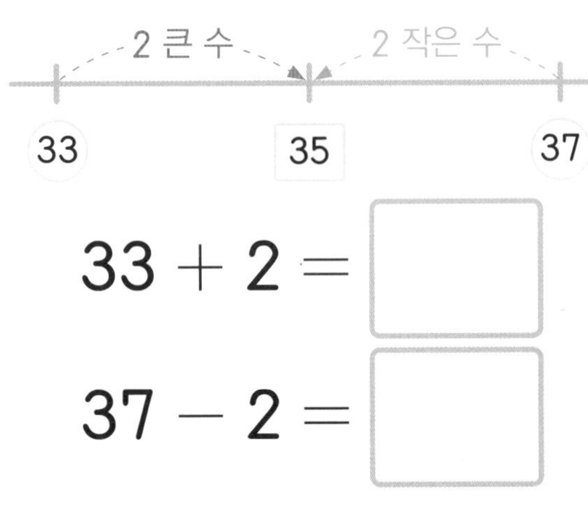

$33 + 2 = \square$

$37 - 2 = \square$

$29 + 2 = \square$

$33 - 2 = \square$

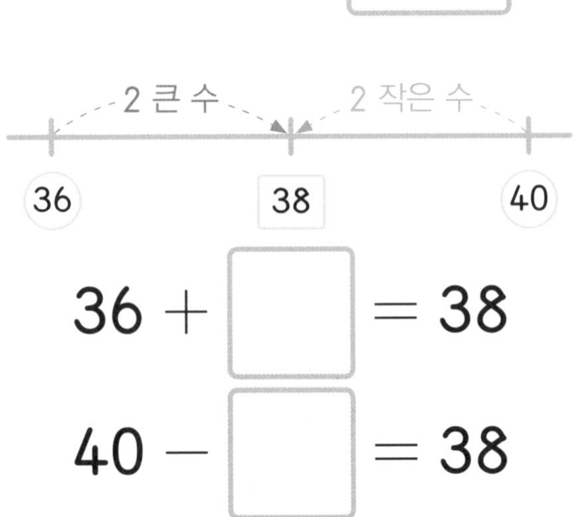

$36 + \square = 38$

$40 - \square = 38$

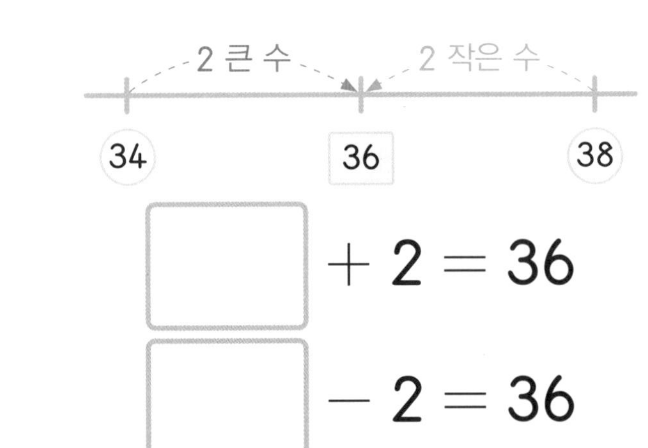

$\square + 2 = 36$

$\square - 2 = 36$

 더하기 2와 빼기 2로 시계에 적힌 수를 만들어 보세요. 

36 − 2 = 34

32 + 2 = 34

35 + □ = 37

□ − 2 = 37

30 + □ = □

34 − □ = □

□ − 2 = □

□ + 2 = □

□ − □ = 30

□ + □ = 30

33

□ + □ = 33

□ − □ = 33

퍼즐 연산(1)

로봇의 배터리는 충전을 하면 2 큰 수, 청소를 하면 2 작은 수가 돼요. □ 안에 알맞은 수를 써넣어 보세요.

추론

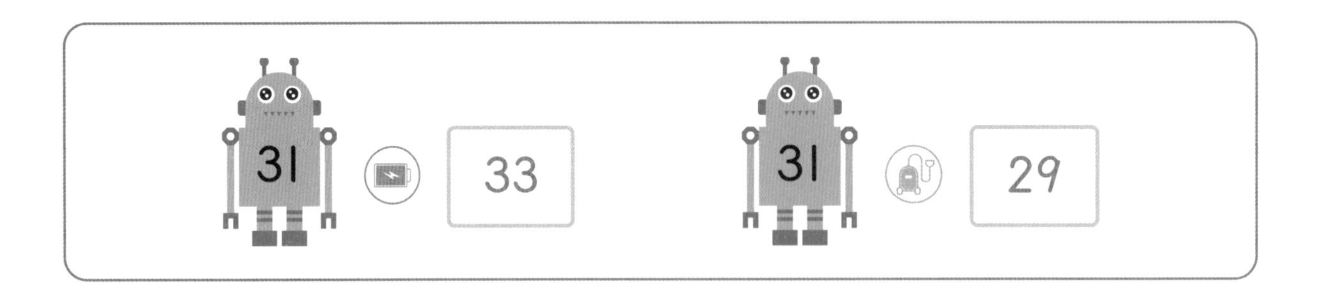

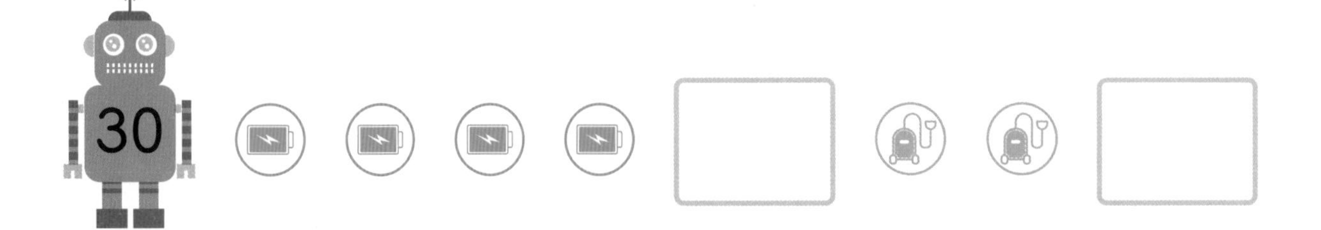

펭귄들이 낚시를 하고 있어요. 계산 결과가 같아지도록 □ 안에 알맞은 수를 써 넣어 보세요. 추론

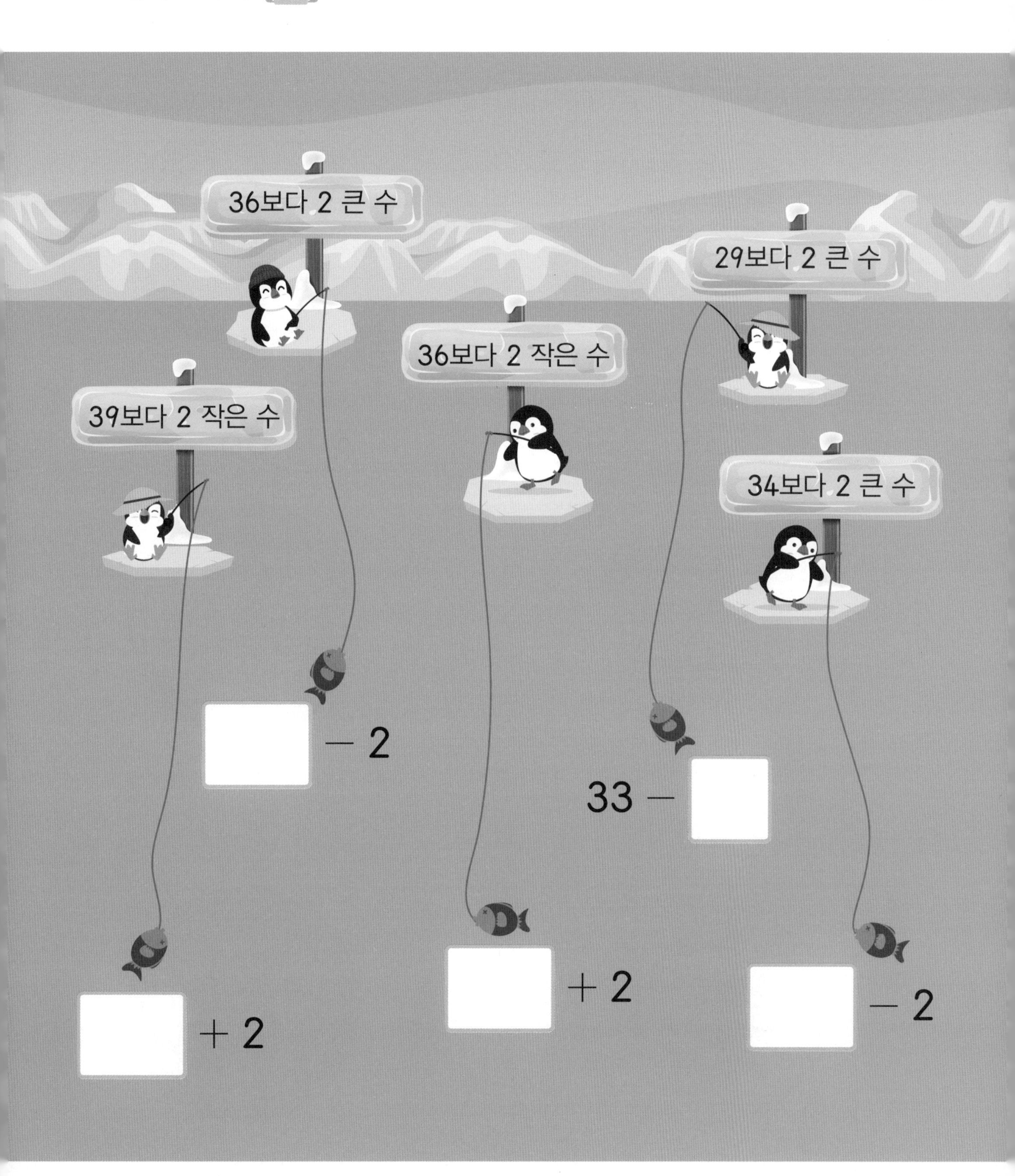

퍼즐 연산(2)

두 수의 합이 □ 안에 적힌 수가 되도록 알맞게 선을 그어 보세요. 추론 문제해결

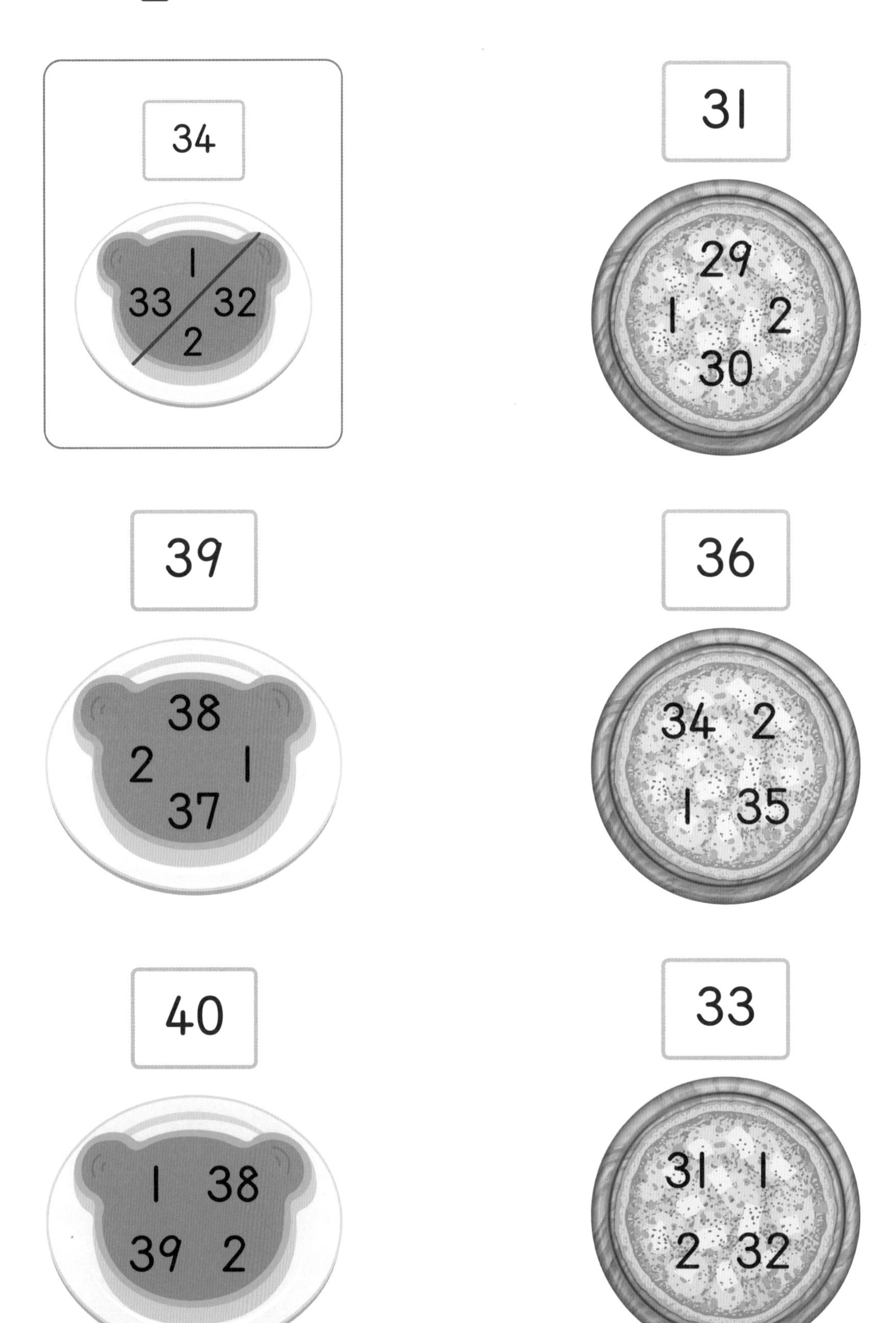

몸무게가 서로 같아지도록 + 또는 − 기호를 써넣어 보세요. 추론 문제해결

세 수를 모두 이용하여 식을 완성해 보세요.

추론 문제해결

31 33 2

33 − 2 = 31

31 + 2 = 33

2 34 36

□ − □ = □

□ + □ = □

40 2 38

□ − □ = □

□ + □ = □

32 2 30

□ − □ = □

□ + □ = □

2 39 37

□ − □ = □

□ + □ = □

4 주차 더하기 3, 빼기 3

4주차에서는 3 큰 수와 3 작은 수를 이용하여 더하기 3과 빼기 3을 배웁니다. 더하기와 빼기의 개념을 이용하여 같은 수를 다르게 표현할 수 있습니다.

1 일차 3 큰 수, 3 작은 수

원리 33보다 3 큰 수는 36이고, 37보다 3 작은 수는 34예요.

빈 곳에 알맞은 수를 □ 안에 써넣어 보세요.

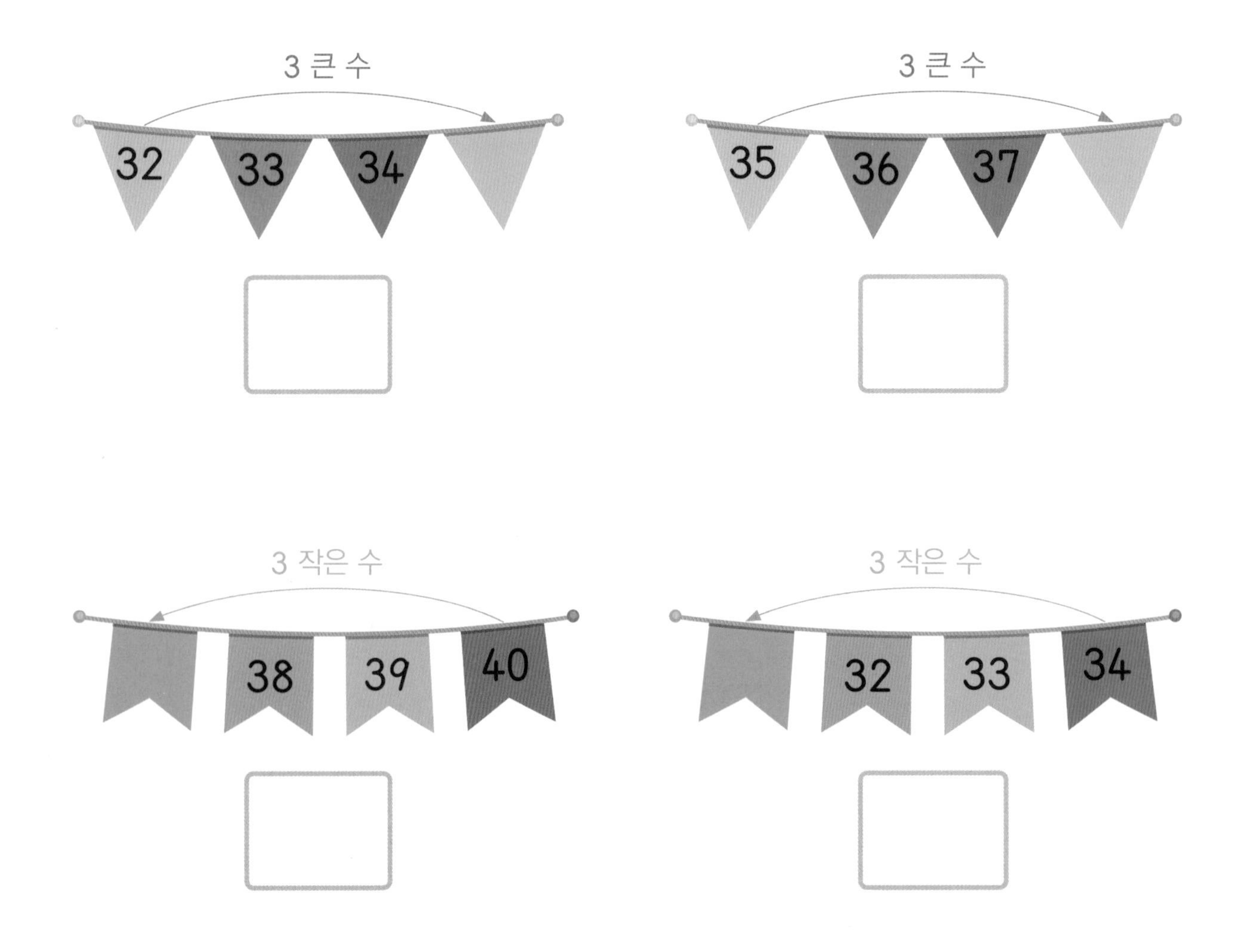

□안에 알맞은 수를 써넣어 보세요.

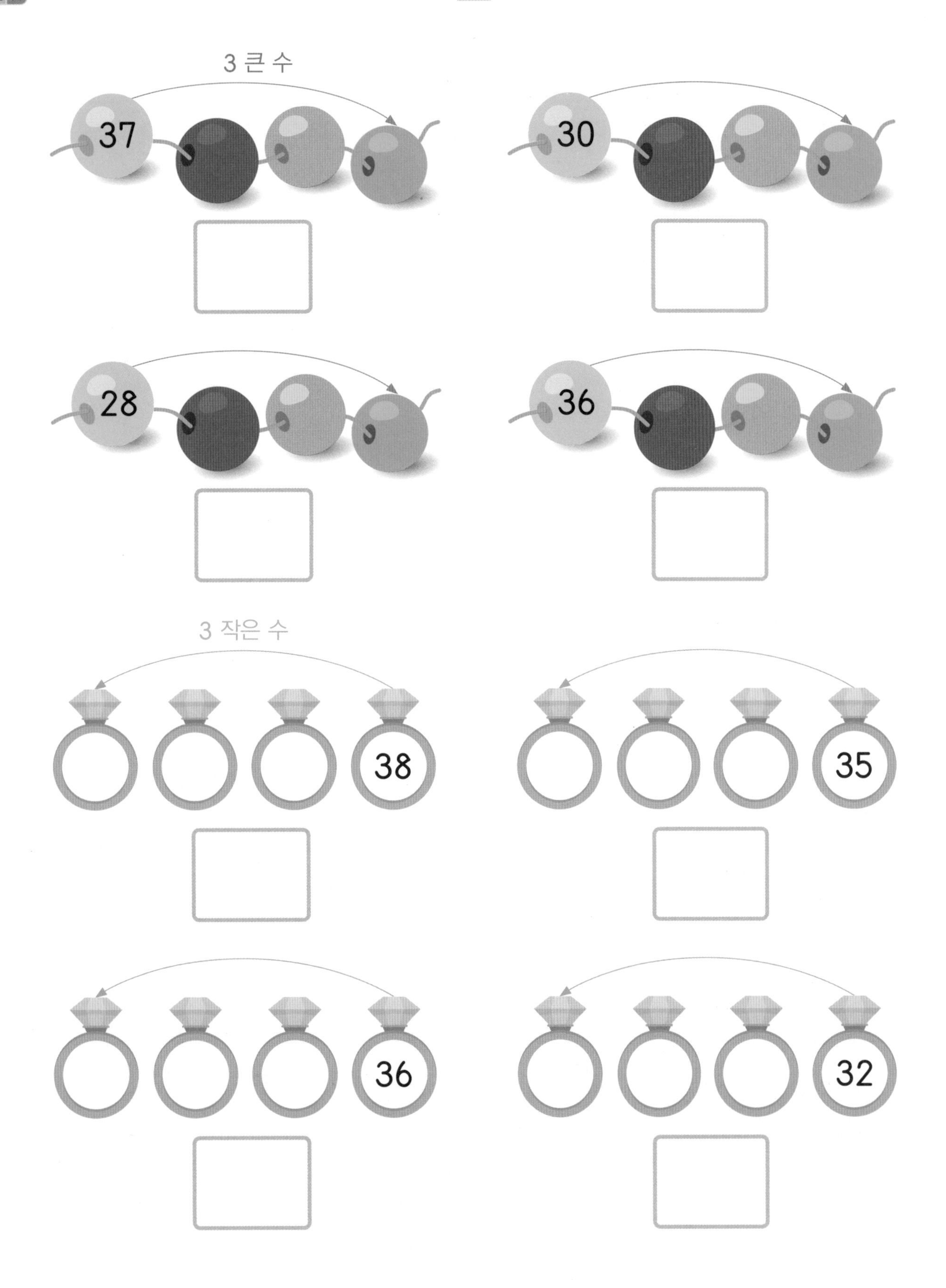

2 일차 더하기 3, 빼기 3(1)

원리 3 큰 수는 더하기 3, 3 작은 수는 빼기 3으로 나타낼 수 있어요.

+3: 33 34 35 36

3 큰 수는 +3으로 나타내요.

$33 + 3 = 36$

−3: 31 32 33 34

3 작은 수는 −3으로 나타내요.

$34 - 3 = 31$

□ 안에 알맞은 수를 써넣어 보세요. 

+3: 31 → 34

31 + 3 = 34

+3: 36 → 39

□ + □ = □

−3: 38 → 35

□ − 3 = □

−3: 37 → 34

□ − □ = □

+3: 34 → 37

□ + □ = □

−3: 39 → 36

□ − □ = □

 □ 안에 알맞은 수를 써넣어 보세요. 

$32 + 3 = \square$

$36 - 3 = \square$

$36 + 3 = \square$

$39 - 3 = \square$

$34 + 3 = \square$

$34 - 3 = \square$

$35 + 3 = \square$

$40 - 3 = \square$

$31 + 3 = \square$

$37 - 3 = \square$

$33 + 3 = \square$

$38 - 3 = \square$

$37 + 3 = \square$

$35 - 3 = \square$

3 일차 더하기 3, 빼기 3(2)

원리 같은 수를 다른 방법으로 표현할 수 있어요.

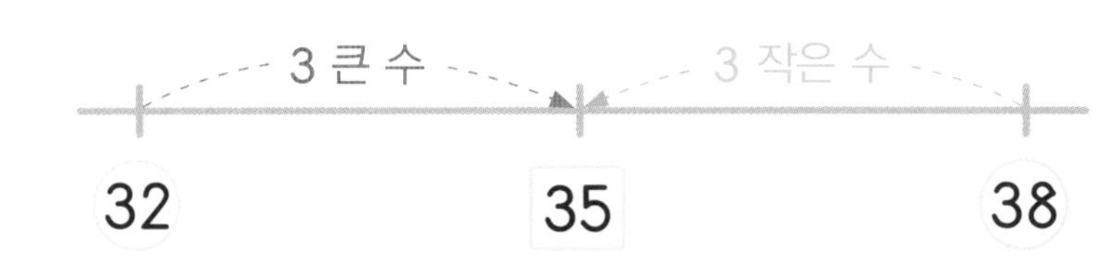

35는 32보다 3 큰 수, 38보다 3 작은 수로 나타낼 수 있어요.

$32 + 3 = 35$ $38 - 3 = 35$

더하기와 빼기로 나타낼 수도 있어요.

□ 안에 알맞은 수를 써넣어 보세요.

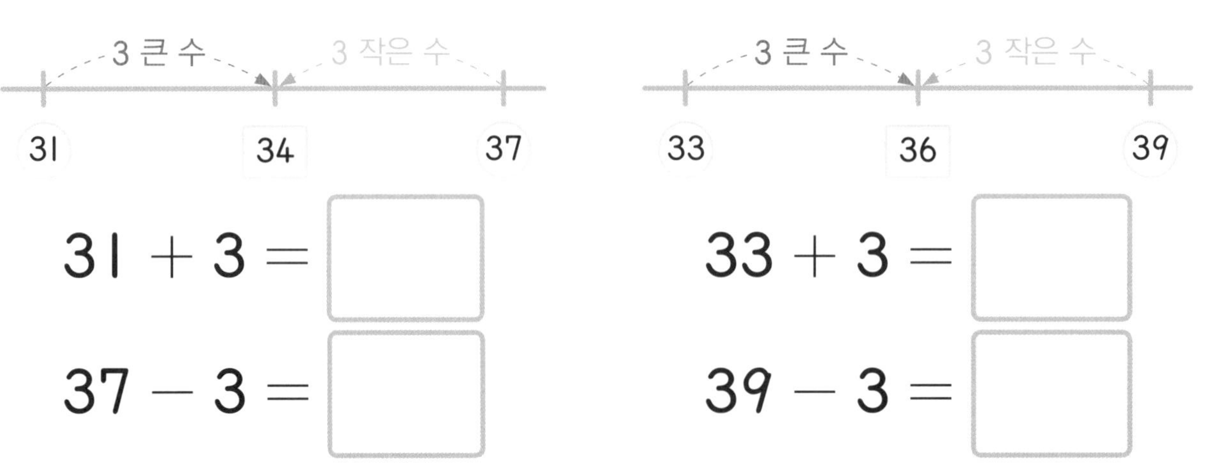

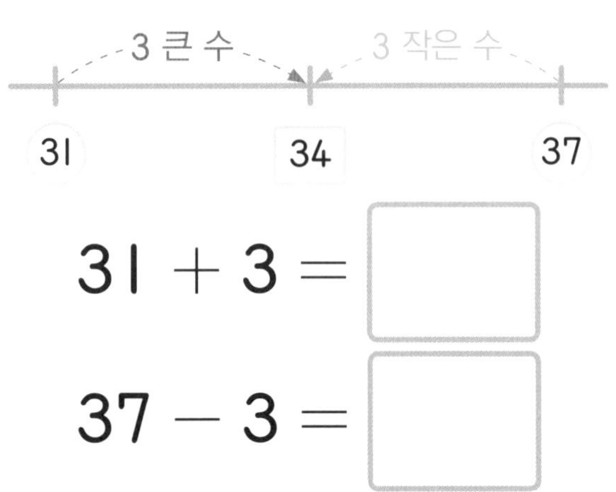

$31 + 3 = \square$

$37 - 3 = \square$

$33 + 3 = \square$

$39 - 3 = \square$

3 큰 수 3 작은 수

32 35 38

$32 + \square = 35$

$38 - \square = 35$

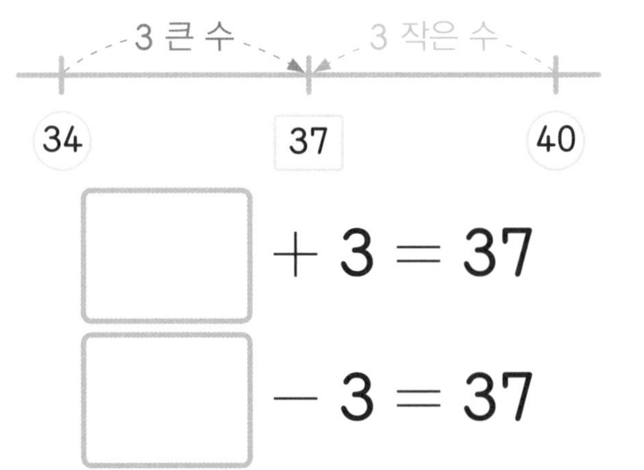

$\square + 3 = 37$

$\square - 3 = 37$

더하기 3과 빼기 3으로 나뭇잎에 적힌 수를 만들어 보세요.

37

40 − 3 = 37

34 + 3 = 37

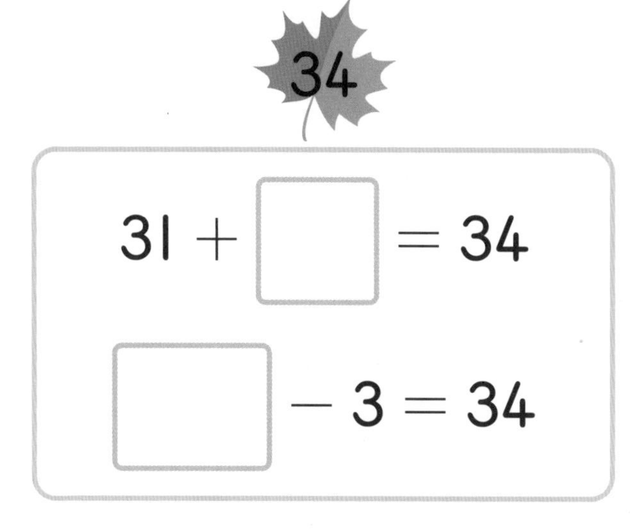

35

32 + □ = □

38 − □ = □

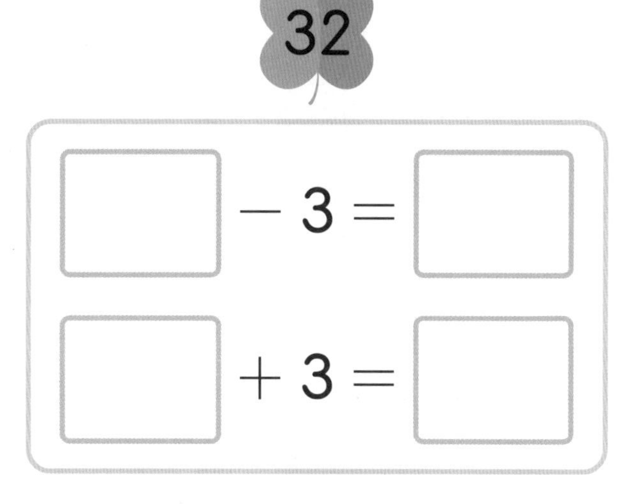

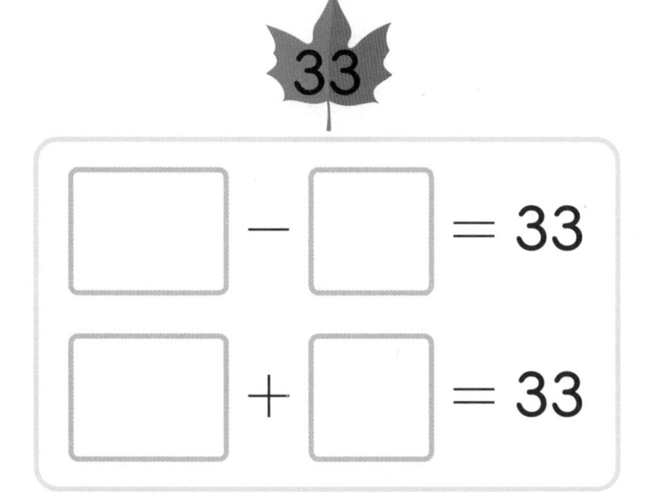

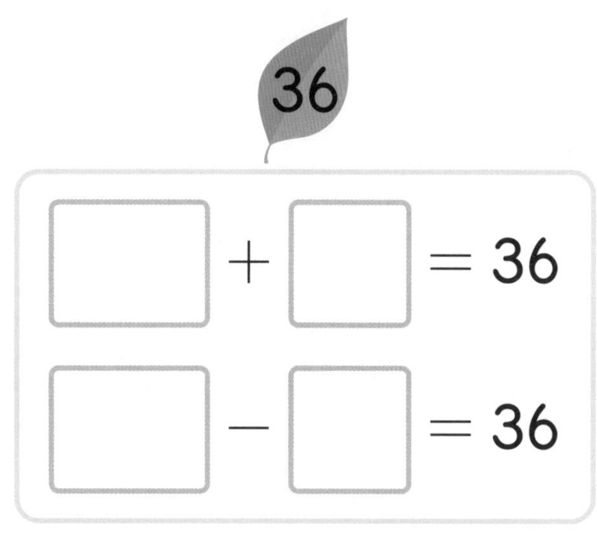

퍼즐 연산(1)

동물 친구들의 번호에 알맞은 책상을 찾아 붙임딱지를 붙여 보세요. 

붙임딱지

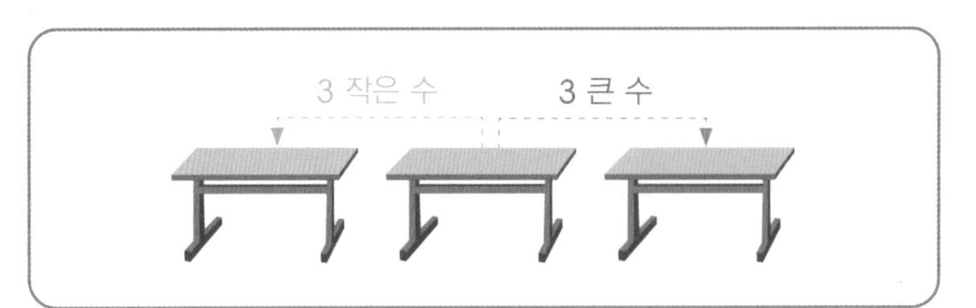

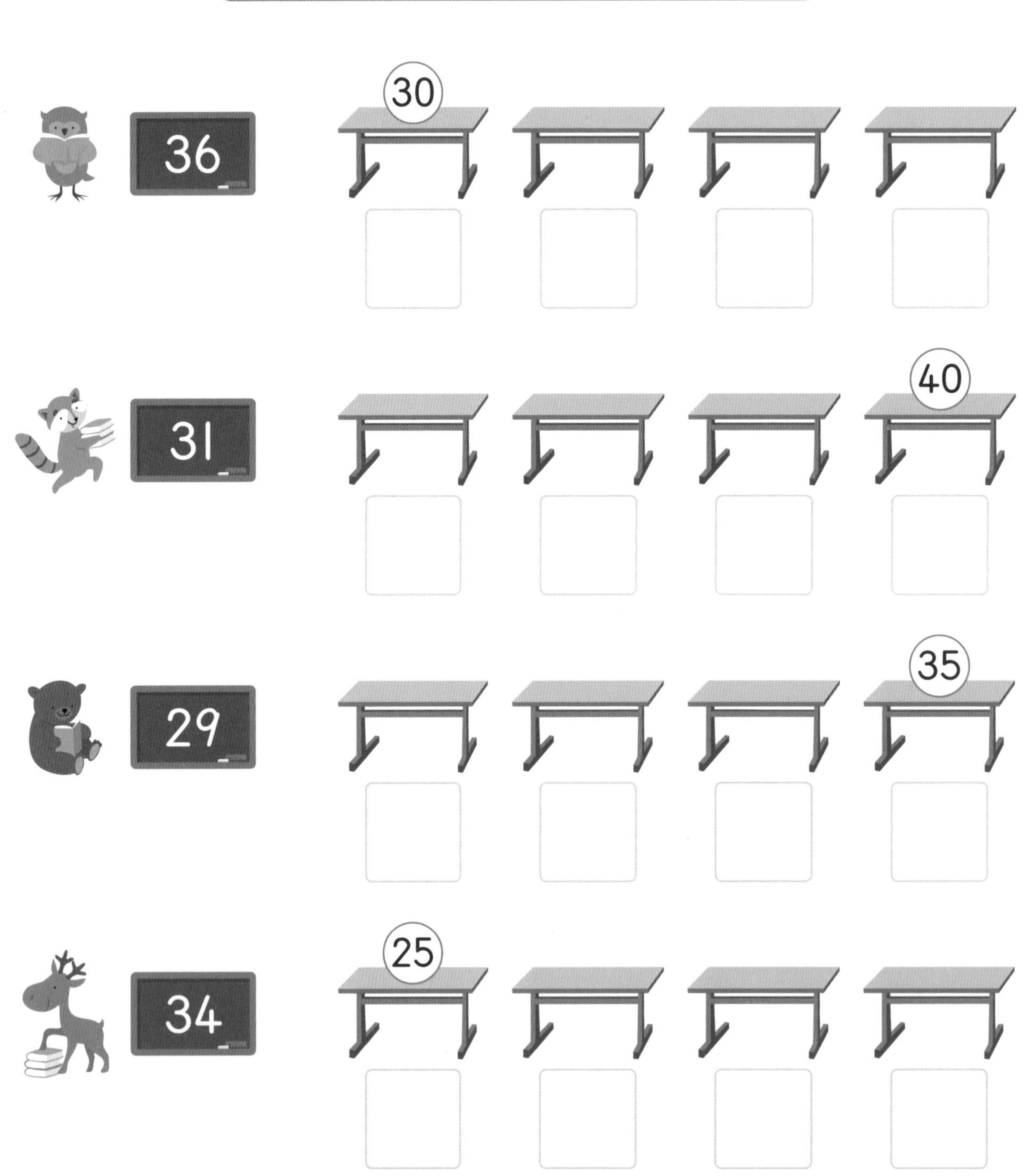

쌀의 무게가 같아지도록 빈 곳에 들어갈 알맞은 수를 □ 안에 써넣어 보세요.

$27 + \bigcirc$  $33 - 3$ 

$37 - 3$ 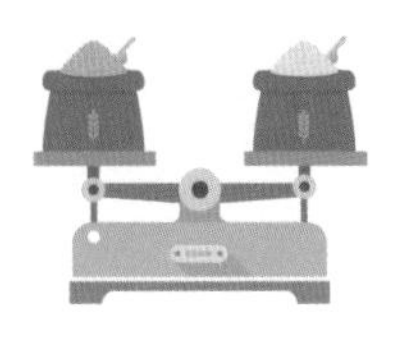 $\bigcirc + 3$ 

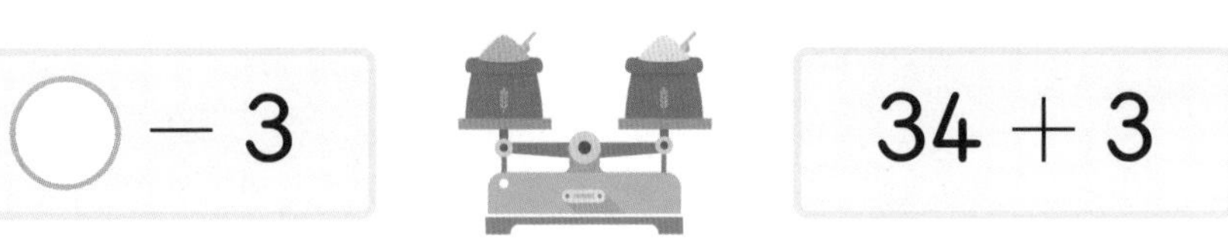

$\bigcirc - 3$ $34 + 3$ 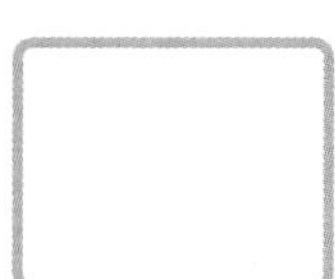

$30 + 3$  $\bigcirc - 3$ 

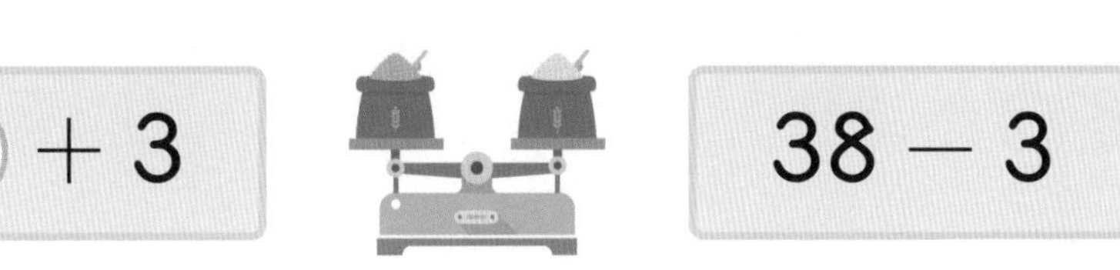

$\bigcirc + 3$ $38 - 3$ 

퍼즐 연산(2)

두 수의 합이 ◯ 안에 적힌 수가 되도록 묶어 보세요. 추론 문제해결

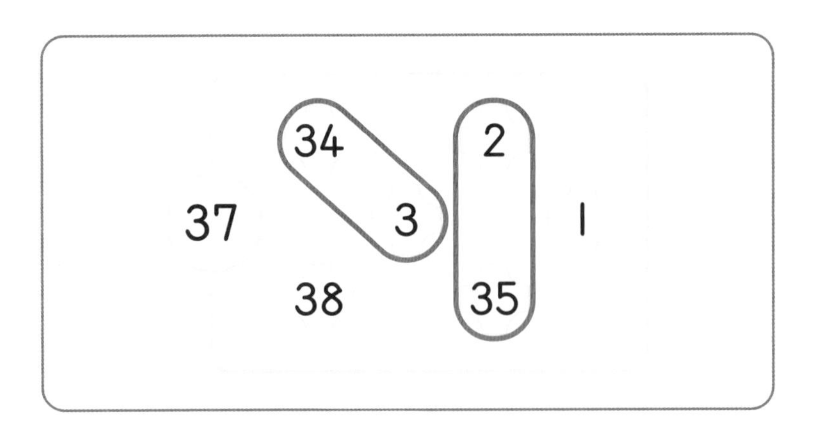

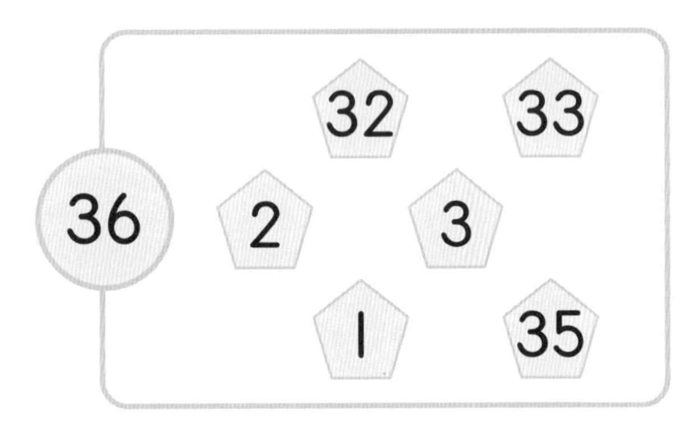

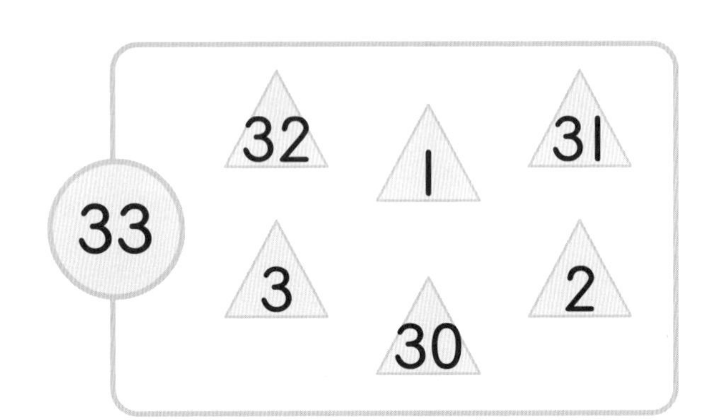

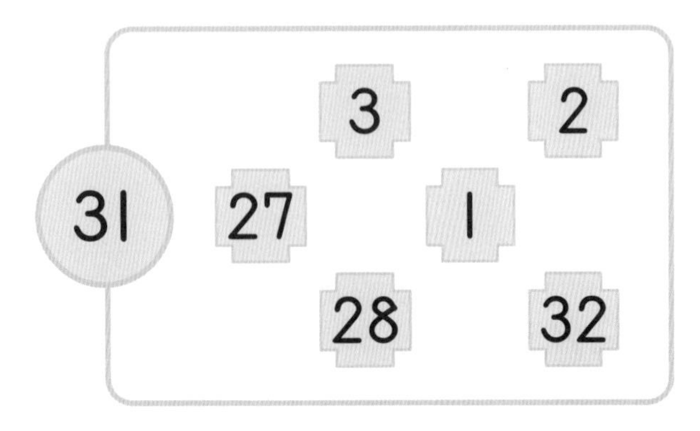

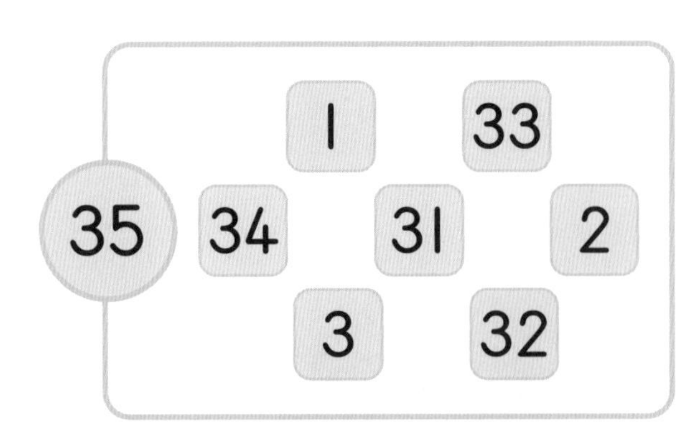

두 수의 차가 ◯ 안에 적힌 수가 되도록 색종이에 선을 그어 보세요.

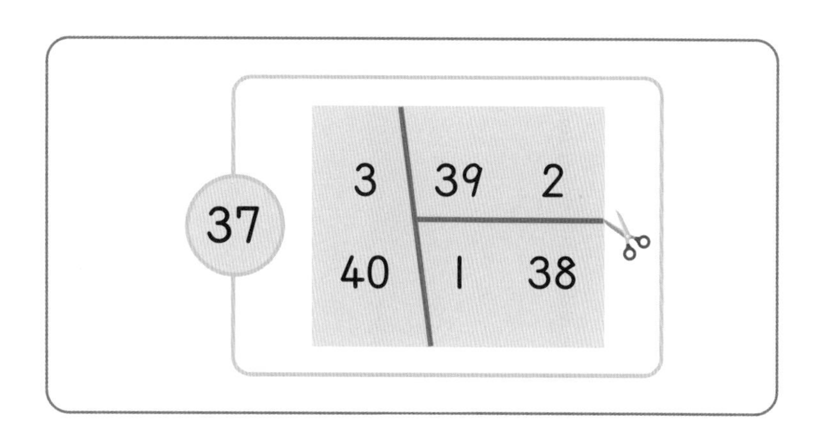

30: 31, 1, 2, 33, 32, 3

34: 1, 35, 2, 37, 3, 36

32: 2, 35, 1, 34, 3, 33

36: 39, 2, 3, 38, 37, 1

35: 3, 37, 36, 2, 1, 38

33: 3, 36, 2, 34, 1, 35

붙임딱지 나무에서 과일을 따기 위해서 더하기와 빼기를 잘 해야 해요. 빈 곳에 알맞은 수를 찾아 과일 붙임딱지를 붙여 보세요.

추론 창의·융합 정보처리

33 ○ 32

35 ○ 37

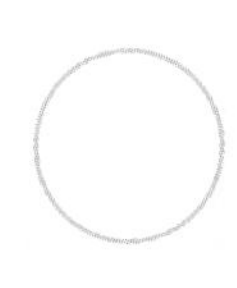

30 ○ 32

38 ○ 36

월 일

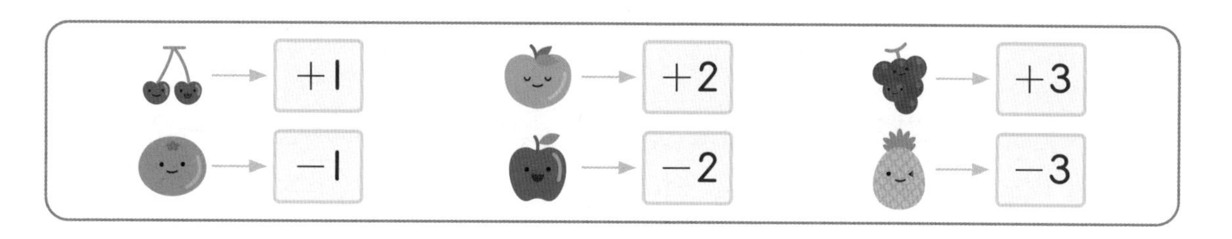

35

37

40

31

34

35

생각을 모아요! 퍼팩 사고력

친구들이 가위바위보 놀이를 하고 있어요. 최종 점수가 더 높은 친구의 점수를 □ 안에 써넣어 보세요. 단, 최종 점수가 같은 경우는 그 점수를 써요.

(1) 기본 점수는 30점부터 시작해요.

(2) 가위바위보를 해서 이기면 2점을 얻고, 지면 2점을 잃어요. 비기면 1점을 얻어요.

(3) 연속해서 이기면 3점을 얻고, 연속해서 지면 3점을 잃어요.

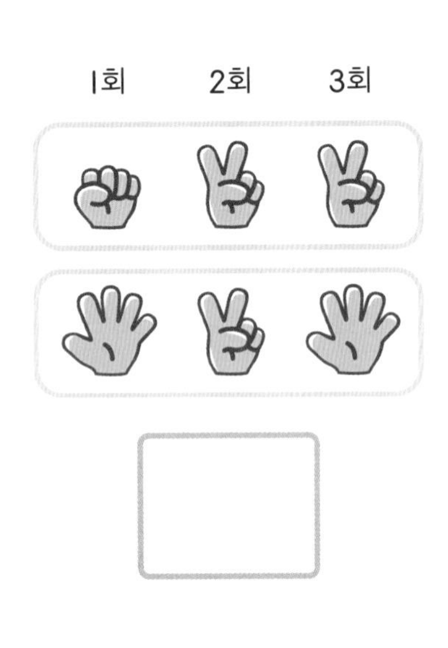

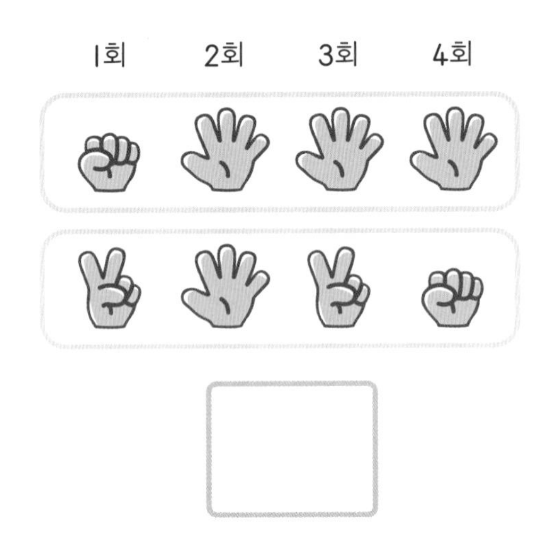

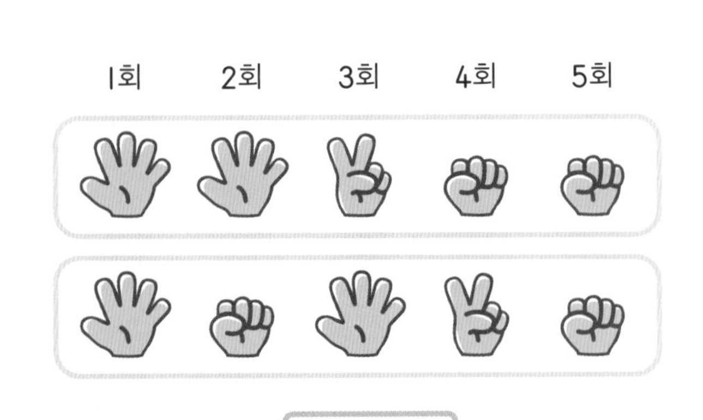

맛있는 퍼팩 연산

한 주 동안 배운 내용 한 번 더 연습!

집중!
드릴 연산

- **1주차** 40까지의 수 알아보기
- **2주차** 더하기 1, 빼기 1
- **3주차** 더하기 2, 빼기 2
- **4주차** 더하기 3, 빼기 3

40까지의 수 알아보기

모양의 수를 세어 알맞은 것에 ◯ 해 보세요.

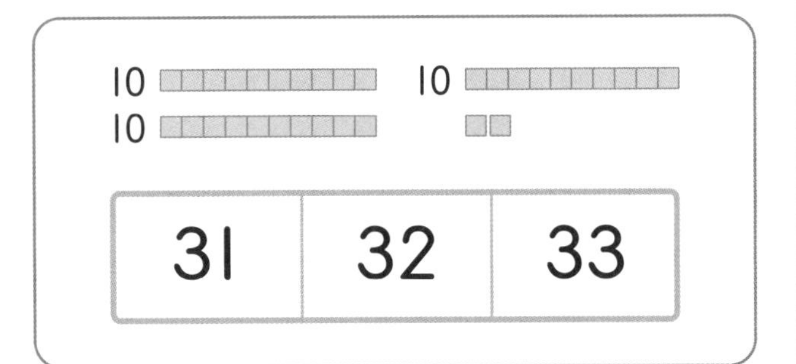

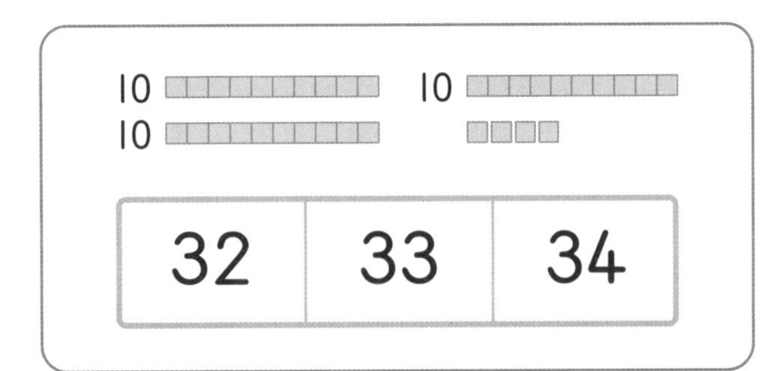

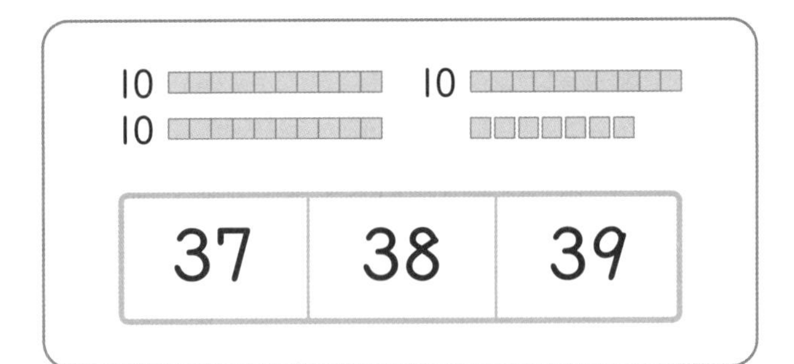

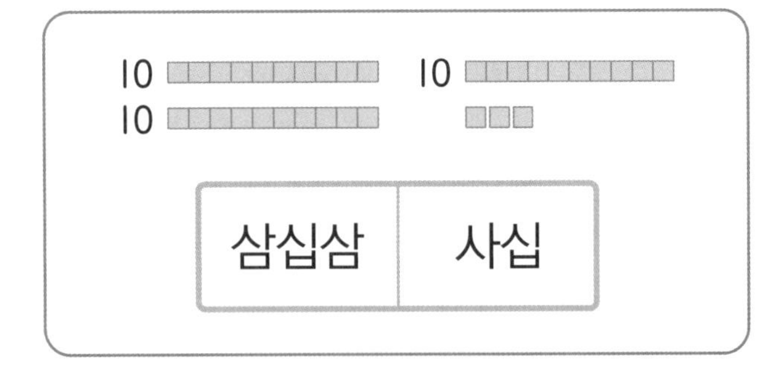

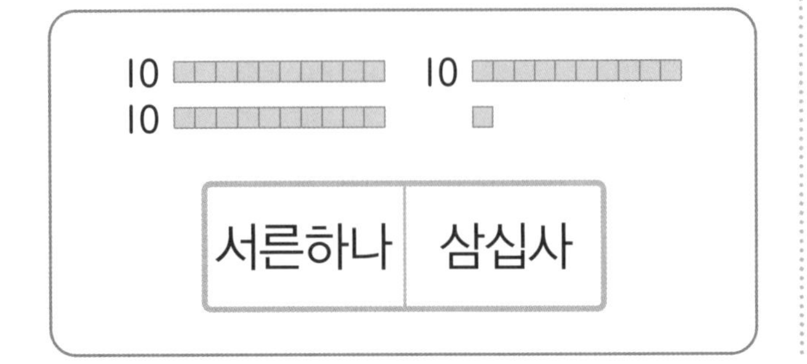

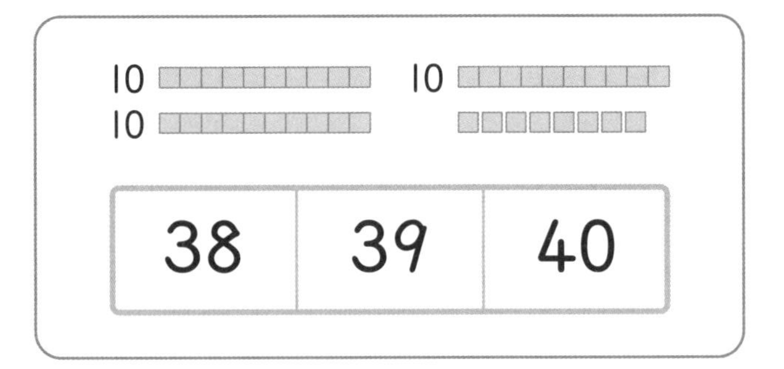

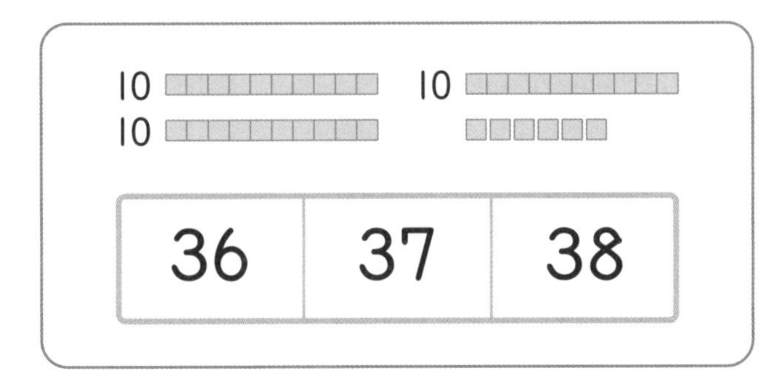

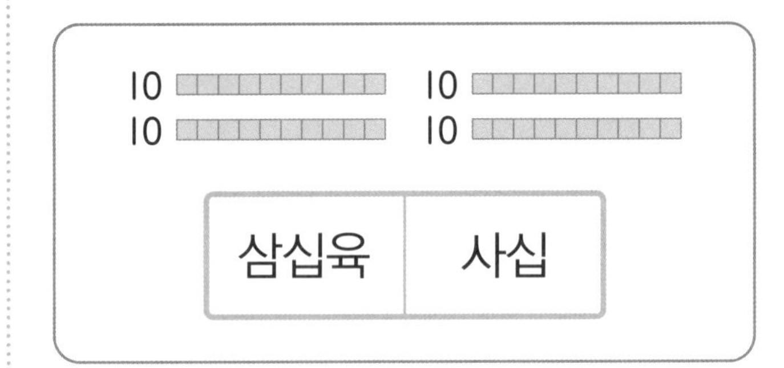

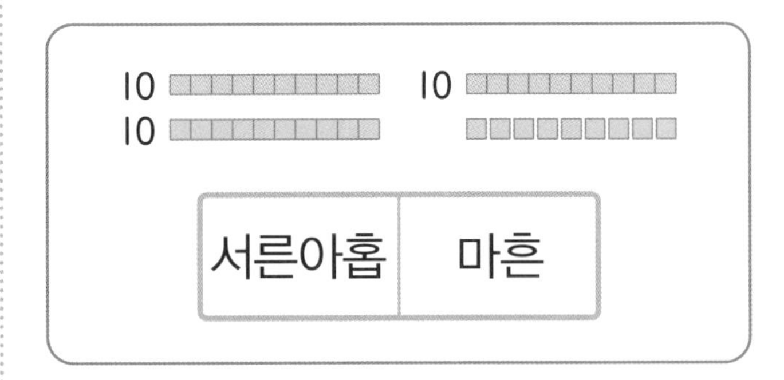

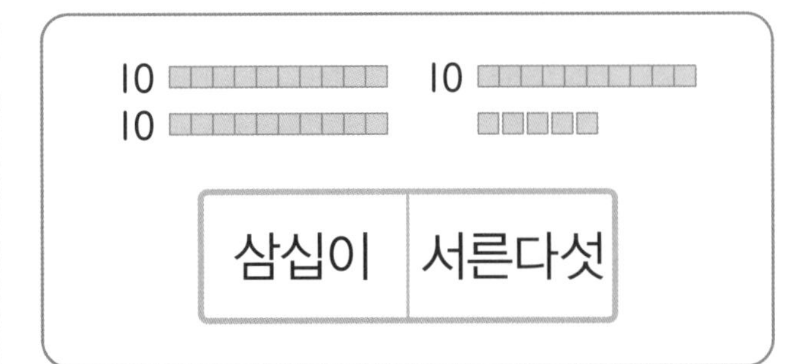

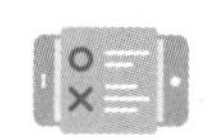

수의 순서에 맞게 빈칸에 알맞은 수를 써넣어 보세요.

31	32	33	

37	38		40

	37	38	39

33	34		36

35	36		38

30		32	33

□ 안에 알맞은 수를 써넣어 보세요.

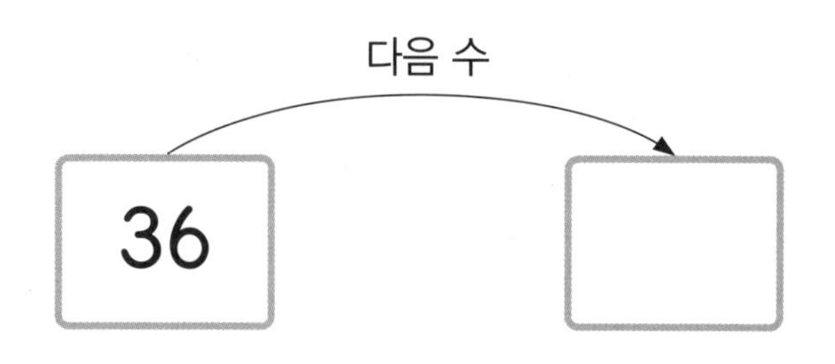

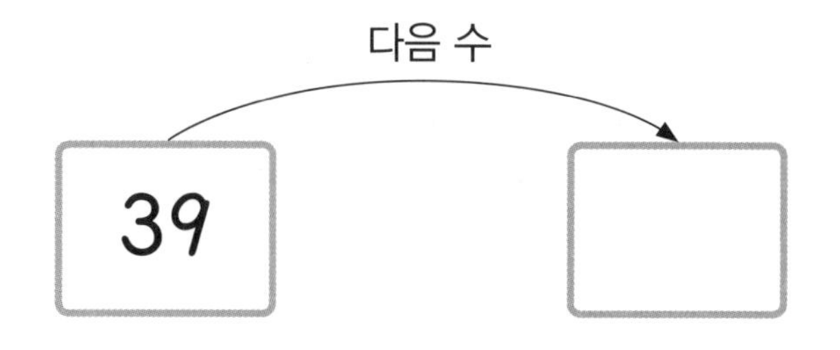

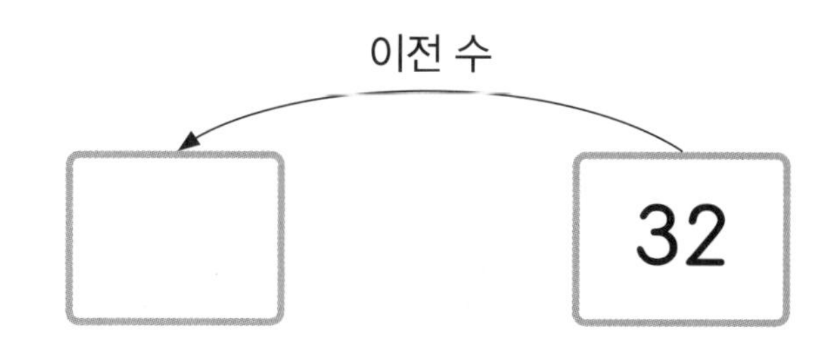

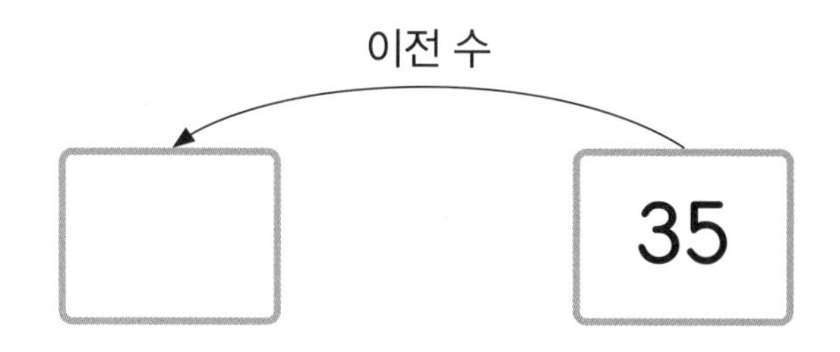

사이의 수

37		39

사이의 수

33		35

2주차 더하기 1, 빼기 1

빈칸에 들어갈 알맞은 수에 ◯ 해 보세요.

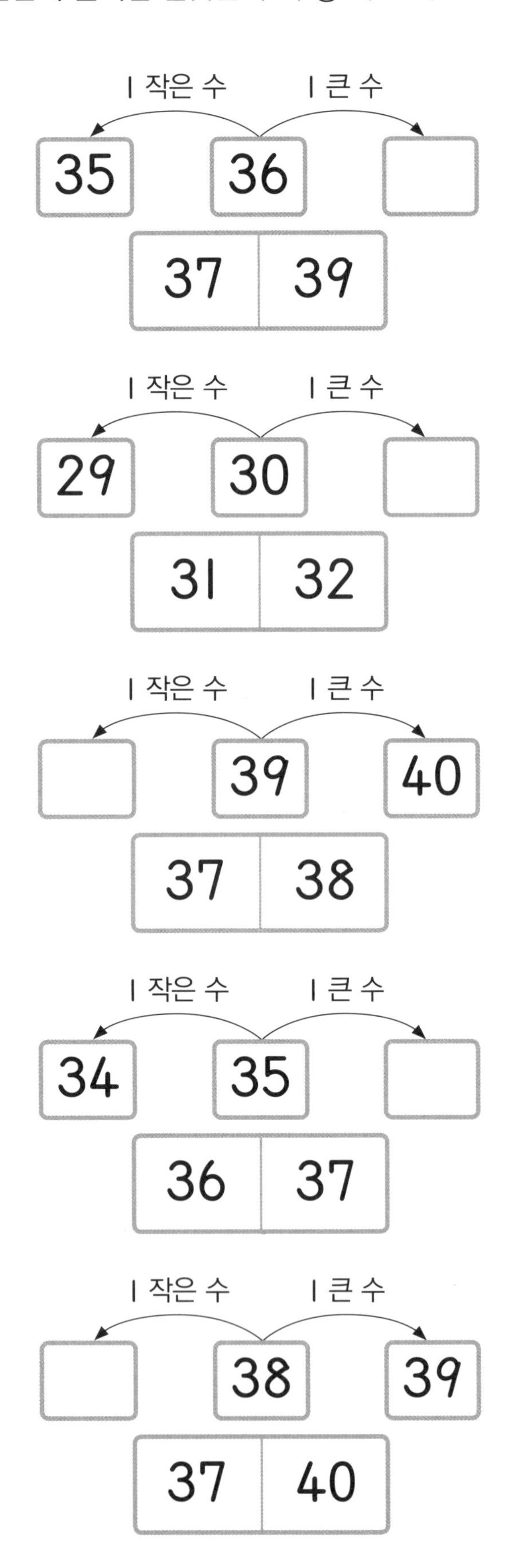

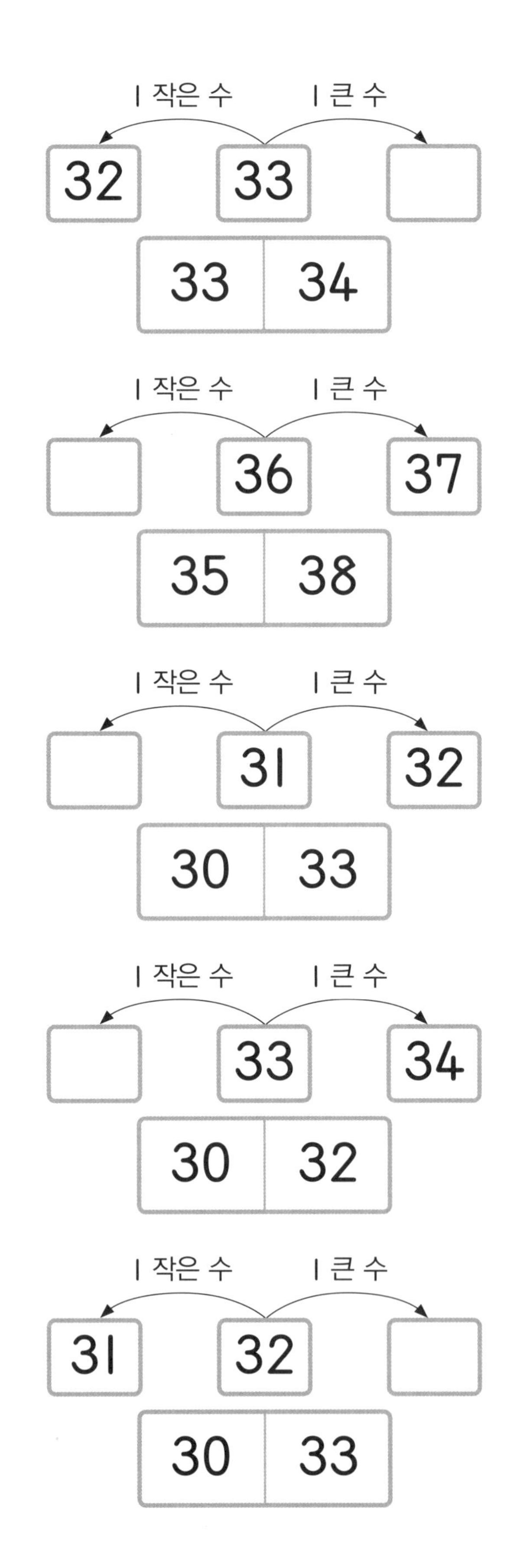

☐ 안에 알맞은 수를 써넣어 보세요.

$33 + 1 = \square$

$39 + 1 = \square$

$32 + 1 = \square$

$38 - 1 = \square$

$36 - 1 = \square$

$31 - 1 = \square$

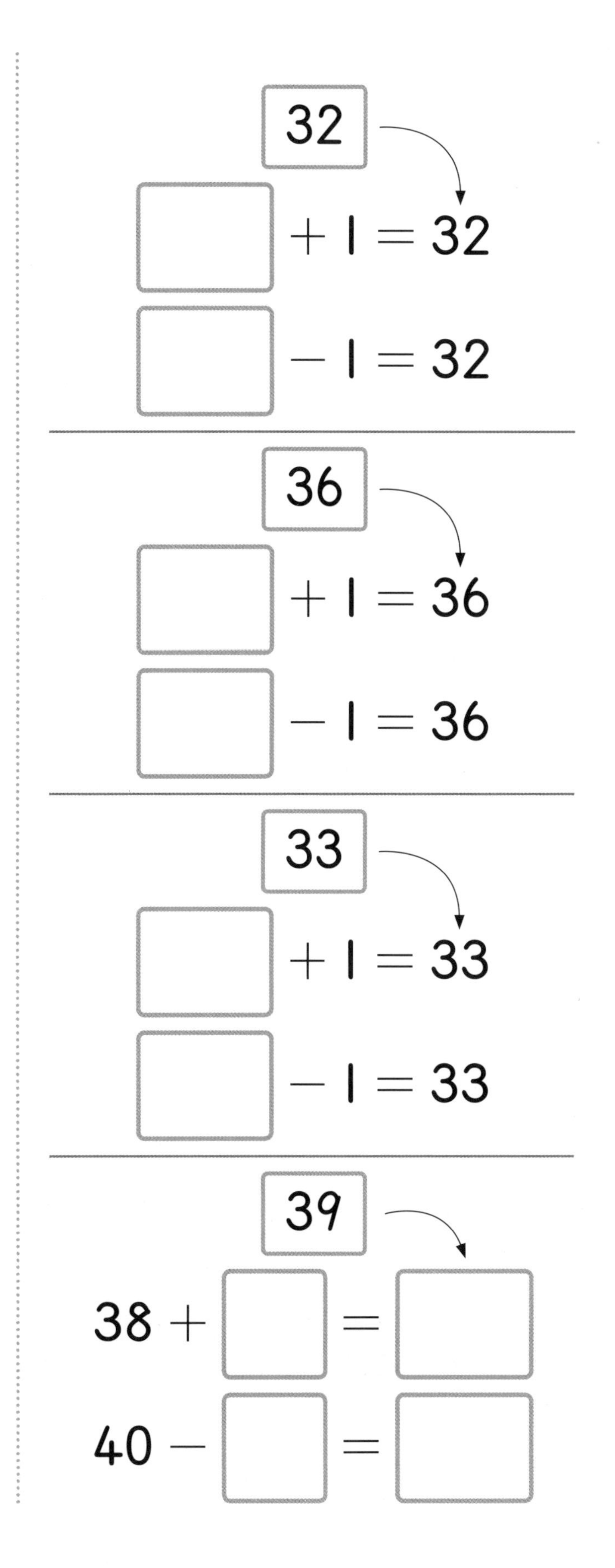

3 주차 더하기 2, 빼기 2

빈칸에 들어갈 알맞은 수에 ◯ 해 보세요.

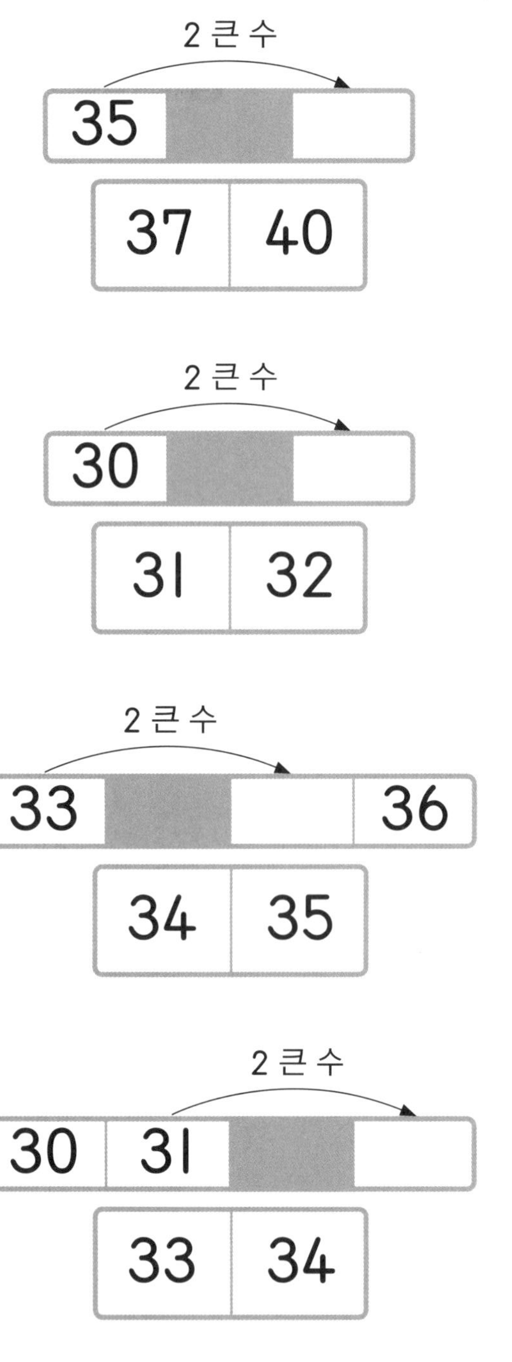

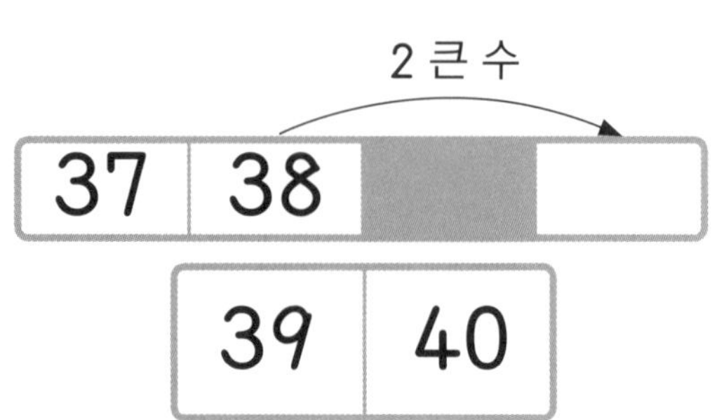

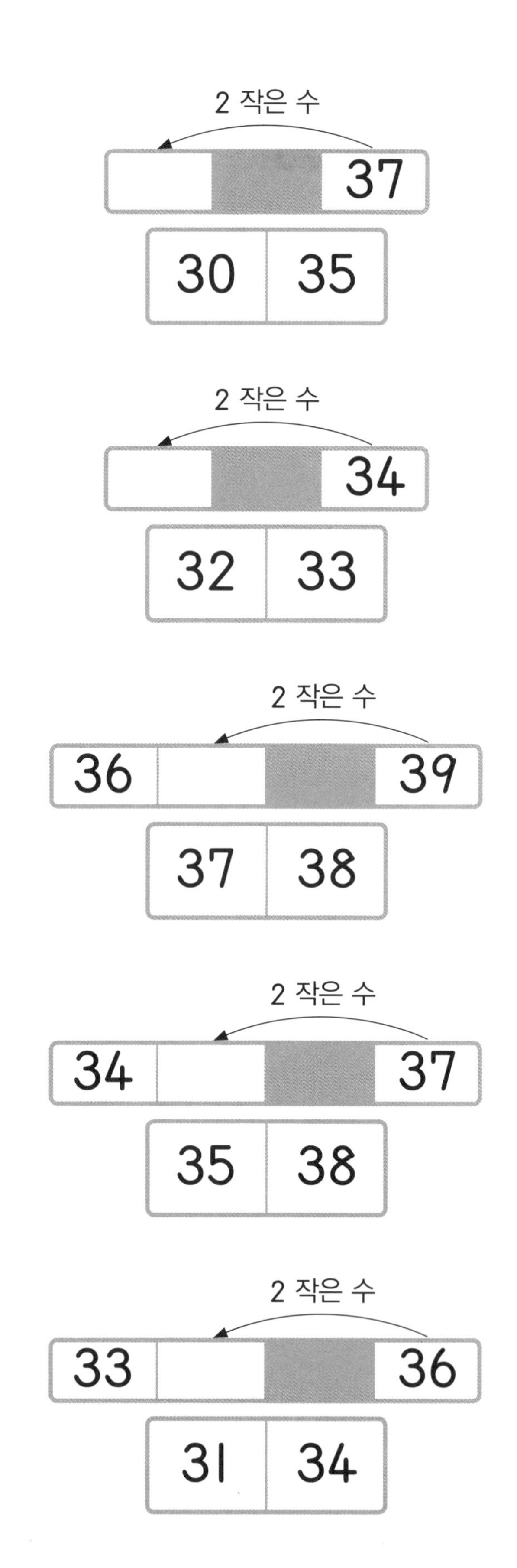

□ 안에 알맞은 수를 써넣어 보세요.

$31 + 2 = \square$

$37 + 2 = \square$

$33 + 2 = \square$

$40 - 2 = \square$

$38 - 2 = \square$

$35 - 2 = \square$

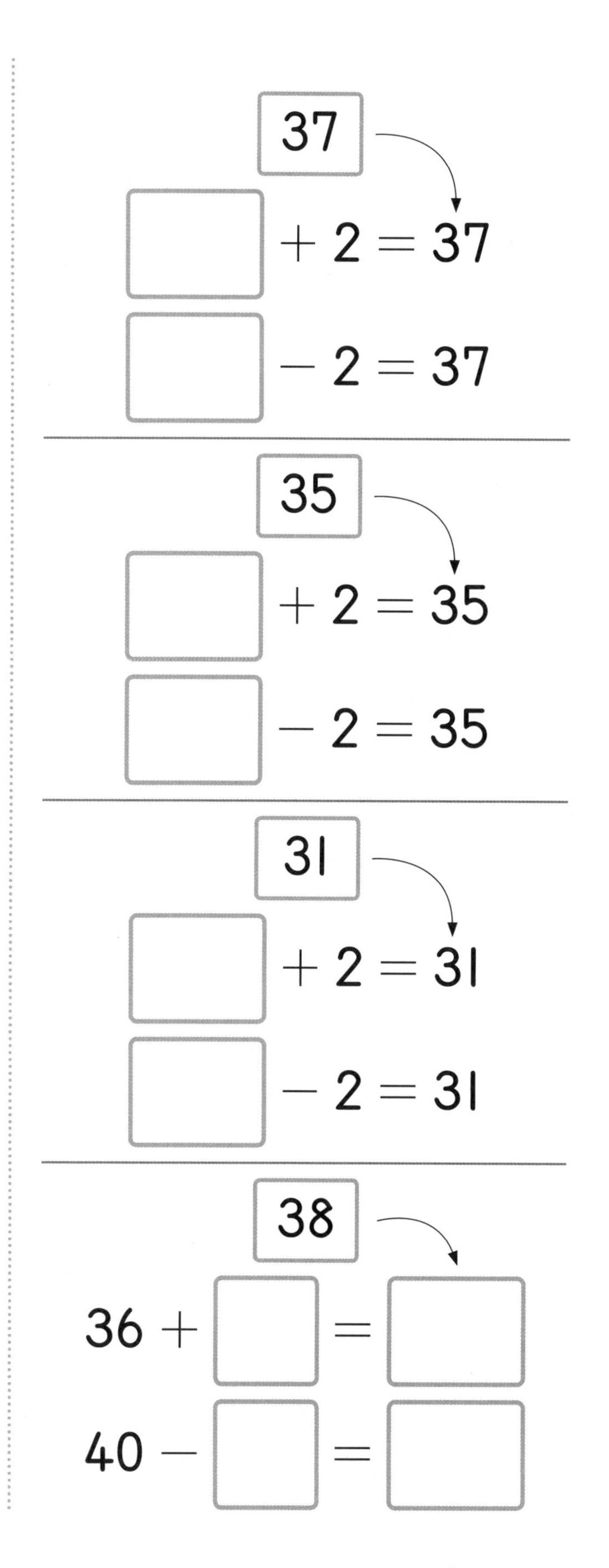

더하기 3, 빼기 3

빈칸에 들어갈 알맞은 수에 ◯ 해 보세요.

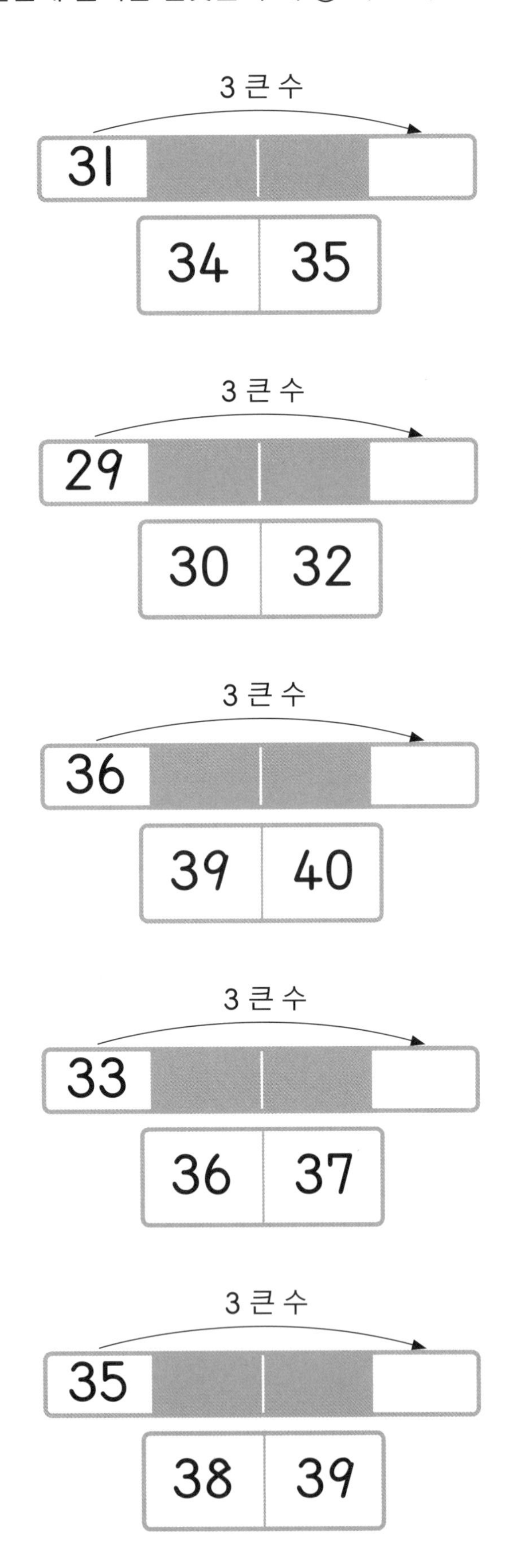

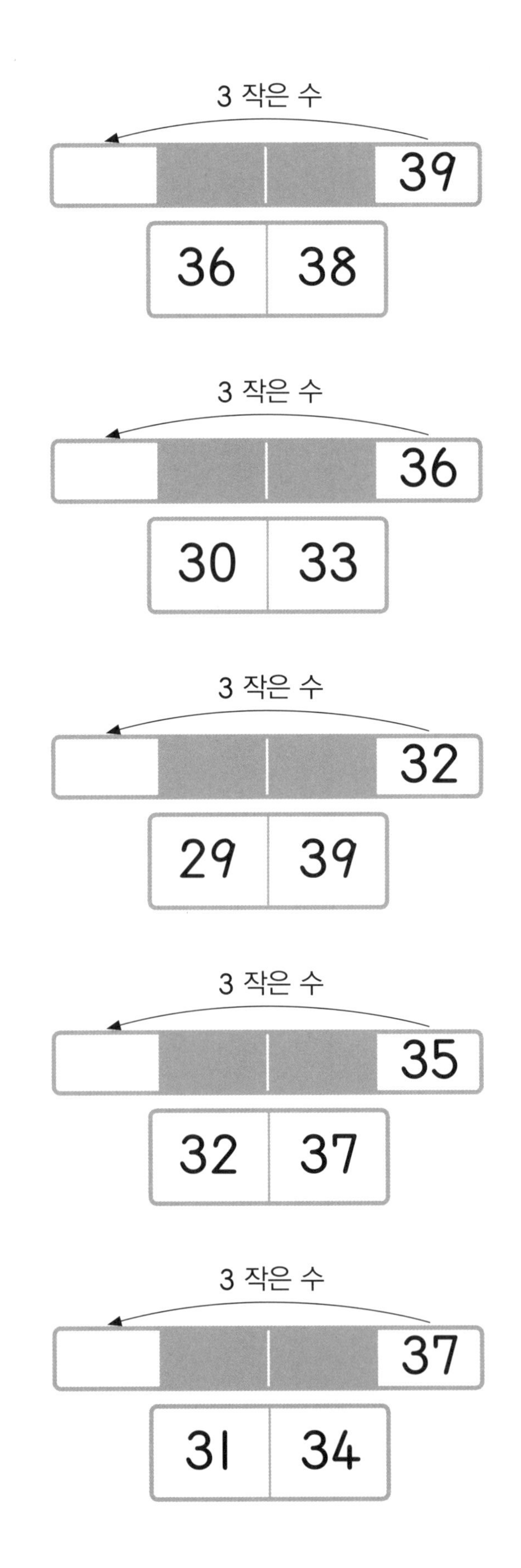

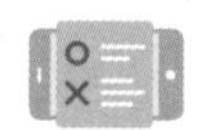

□ 안에 알맞은 수를 써넣어 보세요.

$35 + 3 = \square$

$30 + 3 = \square$

$37 + 3 = \square$

$34 - 3 = \square$

$38 - 3 = \square$

$35 - 3 = \square$

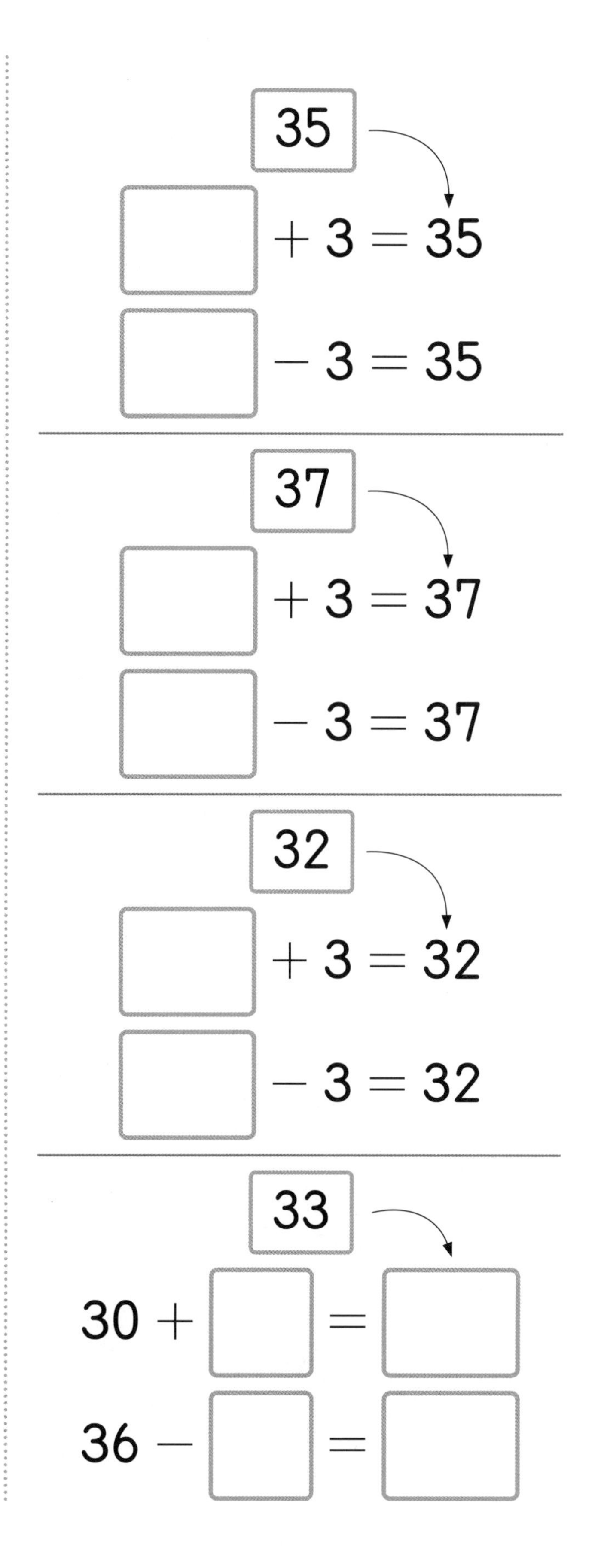

m e m o

맛있는 퍼팩 연산 | 원리와 사고력이 가득한 퍼즐 팩토리

정답

1주차 P. 10~11

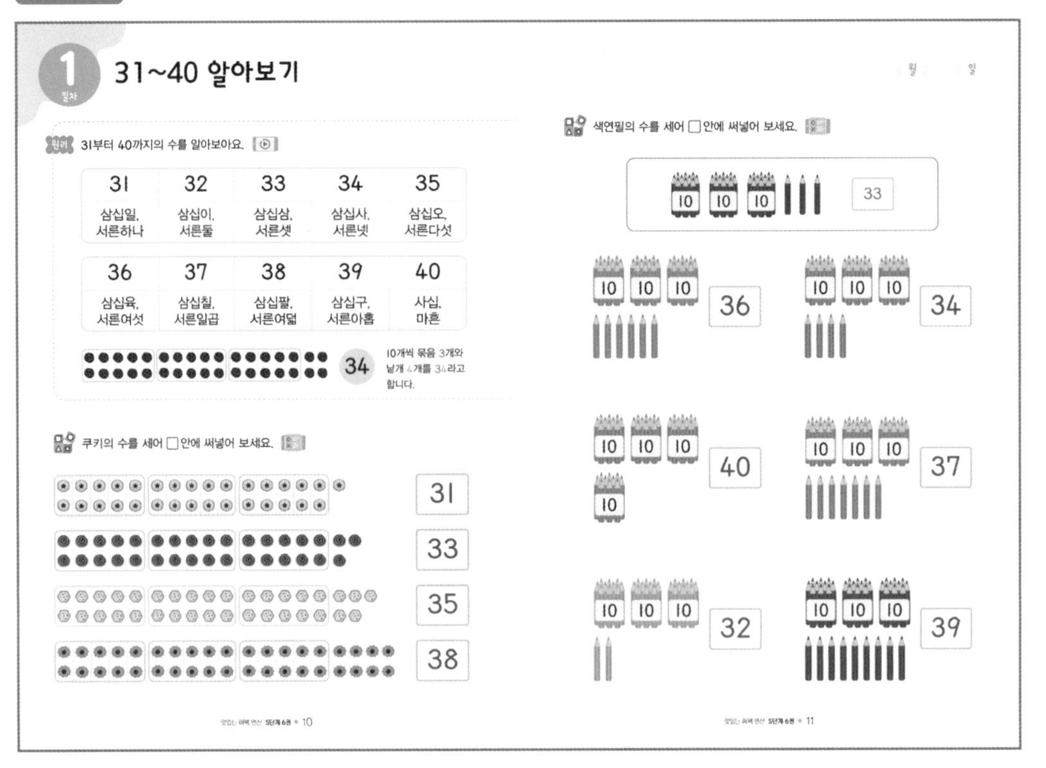

1 일차 31~40 알아보기

월 일

원리 31부터 40까지의 수를 알아보아요.

31	32	33	34	35
삼십일, 서른하나	삼십이, 서른둘	삼십삼, 서른셋	삼십사, 서른넷	삼십오, 서른다섯

36	37	38	39	40
삼십육, 서른여섯	삼십칠, 서른일곱	삼십팔, 서른여덟	삼십구, 서른아홉	사십, 마흔

34 10개씩 묶음 3개와 낱개 4개를 34라고 합니다.

쿠키의 수를 세어 □안에 써넣어 보세요.

31

33

35

38

색연필의 수를 세어 □안에 써넣어 보세요.

10 10 10 — 33

10 10 10 — 36

10 10 10 — 34

10 10 10 10 — 40

10 10 10 — 37

10 10 10 — 32

10 10 10 — 39

맛있는 퍼팩 연산 S단계 6권 • 10

맛있는 퍼팩 연산 S단계 6권 • 11

1주차 P. 12~13

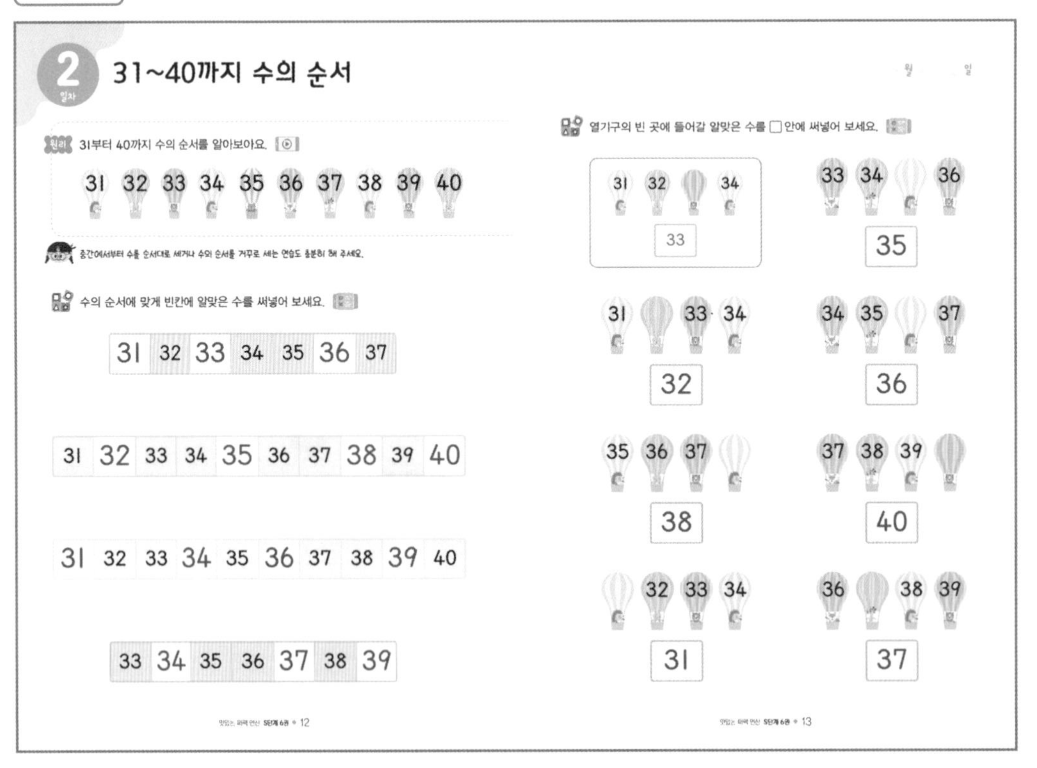

2 일차 31~40까지 수의 순서

월 일

원리 31부터 40까지 수의 순서를 알아보아요.

31 32 33 34 35 36 37 38 39 40

중간에서부터 수를 순서대로 세거나 수의 순서를 거꾸로 세는 연습도 충분히 해 주세요.

수의 순서에 맞게 빈칸에 알맞은 수를 써넣어 보세요.

31	32	33	34	35	36	37

31	32	33	34	35	36	37	38	39	40

31	32	33	34	35	36	37	38	39	40

33	34	35	36	37	38	39

열기구의 빈 곳에 들어갈 알맞은 수를 □안에 써넣어 보세요.

31 32 □ 34 — 33

33 34 □ 36 — 35

31 □ 33 34 — 32

34 35 □ 37 — 36

35 36 37 □ — 38

37 38 39 □ — 40

□ 32 33 34 — 31

36 □ 38 39 — 37

맛있는 퍼팩 연산 S단계 6권 • 12

맛있는 퍼팩 연산 S단계 6권 • 13

1주차 P. 14~15

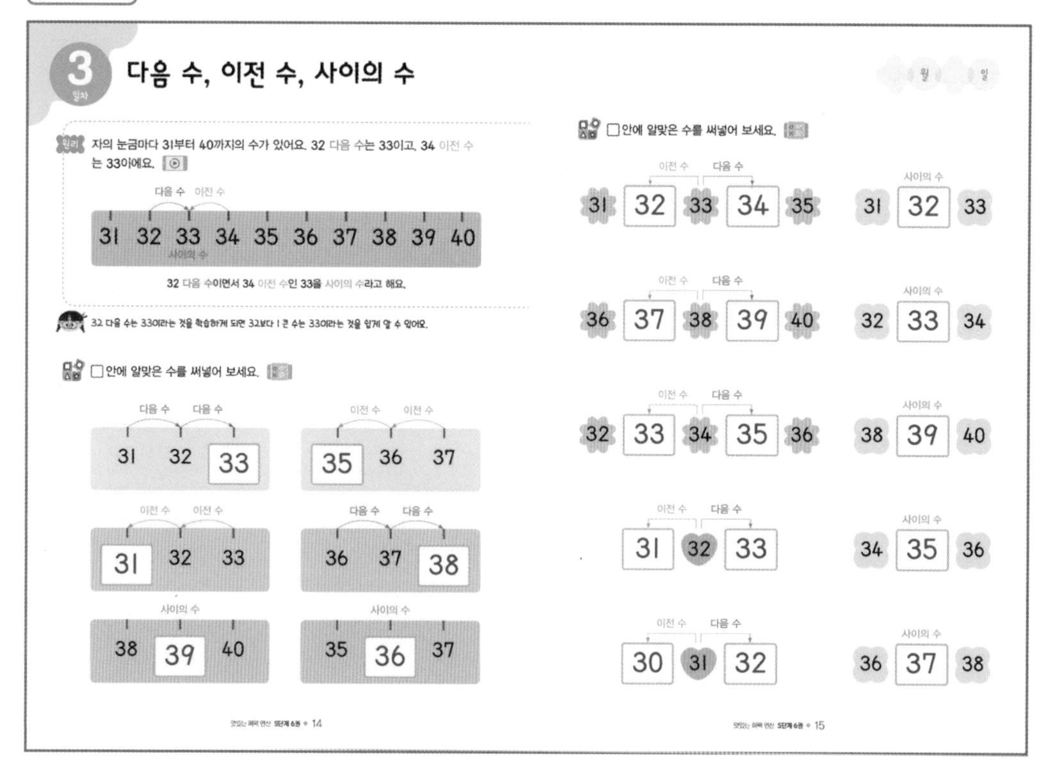

1주차 P. 16~17

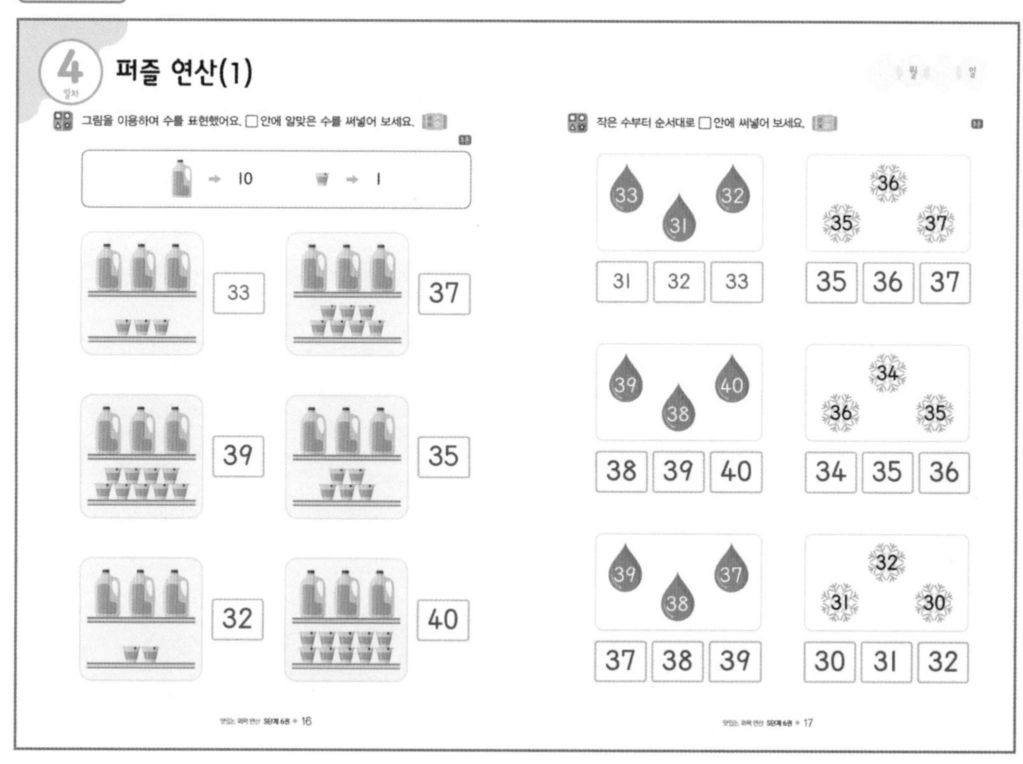

정답

1주차 P. 18~19

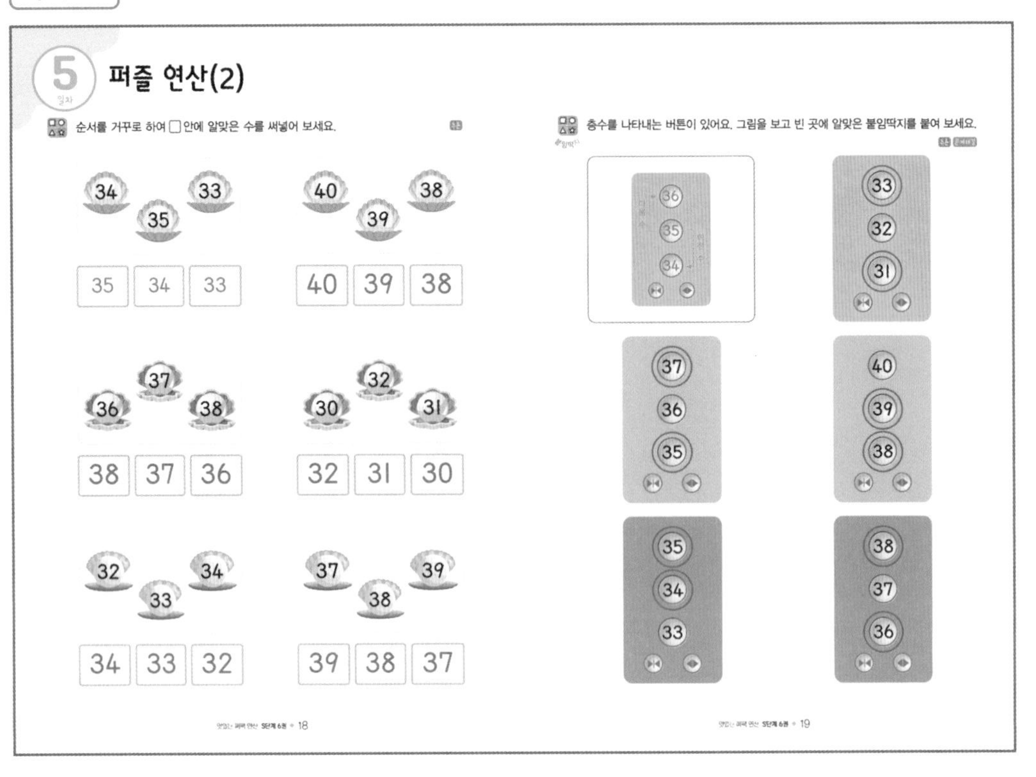

5 일차 퍼즐 연산(2)

순서를 거꾸로 하여 □안에 알맞은 수를 써넣어 보세요.

34 35 33 → 35 34 33

40 39 38 → 40 39 38

36 37 38 → 38 37 36

30 32 31 → 32 31 30

32 33 34 → 34 33 32

37 38 39 → 39 38 37

층수를 나타내는 버튼이 있어요. 그림을 보고 빈 곳에 알맞은 붙임딱지를 붙여 보세요.

36 35 34

33 32 31

37 36 35

40 39 38

35 34 33

38 37 36

맛있는 퍼팩 연산 S단계 6권 • 18

맛있는 퍼팩 연산 S단계 6권 • 19

1주차 P. 20

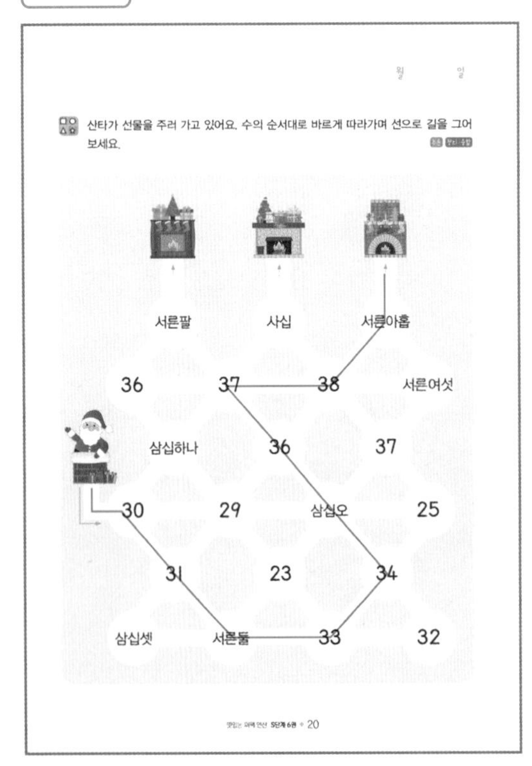

월 일

산타가 선물을 주러 가고 있어요. 수의 순서대로 바르게 따라가며 선으로 길을 그어 보세요.

서른팔 사십 서른아홉

36 37 38 서른여섯

삼십하나 36 37

30 29 삼십오 25

31 23 34

삼십셋 서른둘 33 32

맛있는 퍼팩 연산 S단계 6권 • 20

2주차 P. 22~23

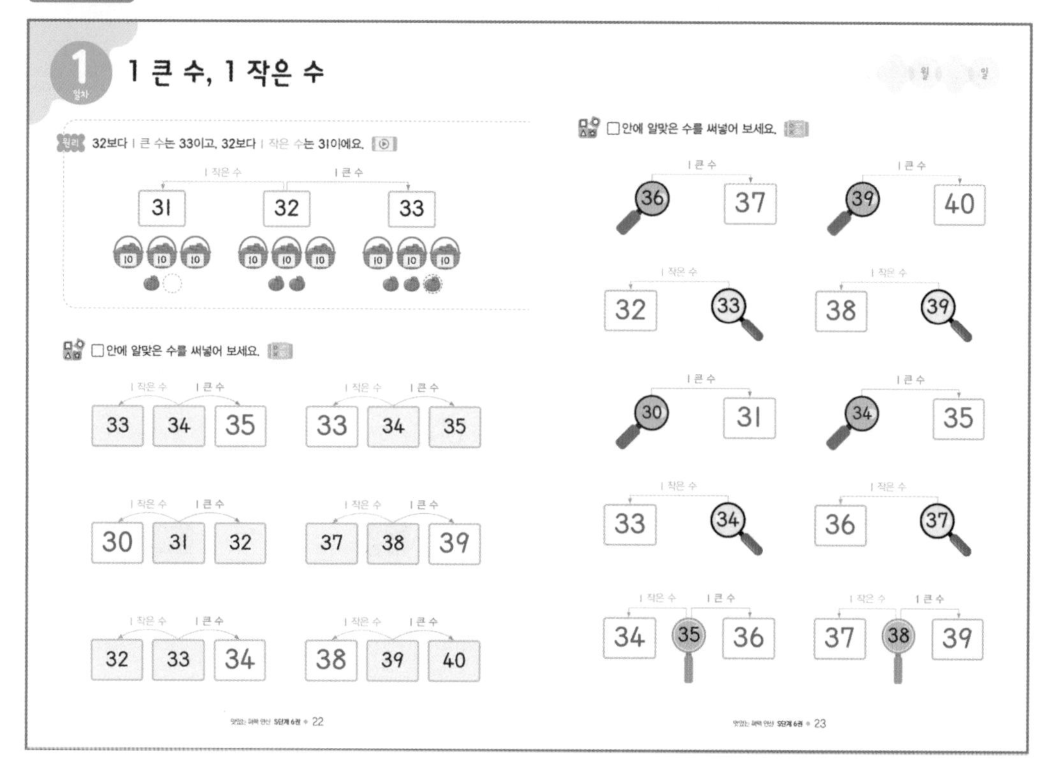

1일차 **1 큰 수, 1 작은 수** 월 일

원리 32보다 1 큰 수는 33이고, 32보다 1 작은 수는 31이에요.

1 작은 수 · 1 큰 수

31 · 32 · 33

□안에 알맞은 수를 써넣어 보세요.

(1 작은 수 · 1 큰 수)

33 34 35 · 33 34 35

30 31 32 · 37 38 39

32 33 34 · 38 39 40

□안에 알맞은 수를 써넣어 보세요.

1 큰 수: 36 → 37 · 39 → 40

1 작은 수: 32 ← 33 · 38 ← 39

1 큰 수: 30 → 31 · 34 → 35

1 작은 수: 33 ← 34 · 36 ← 37

1 작은 수 · 1 큰 수: 34 35 36 · 37 38 39

22 · 23

2주차 P. 24~25

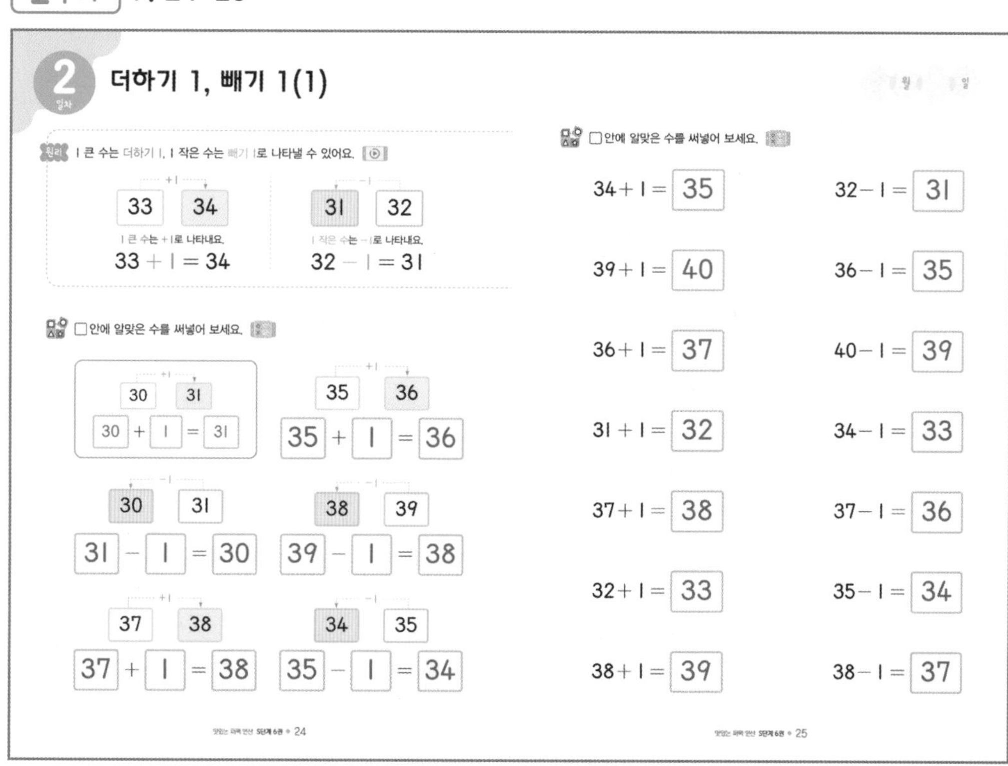

2일차 **더하기 1, 빼기 1(1)** 월 일

원리 1 큰 수는 더하기 1, 1 작은 수는 빼기 1로 나타낼 수 있어요.

33 34 (+1) — 1 큰 수는 +1로 나타내요. 33 + 1 = 34

31 32 (−1) — 1 작은 수는 −1로 나타내요. 32 − 1 = 31

□안에 알맞은 수를 써넣어 보세요.

30 31: 30 + 1 = 31 · 35 36: 35 + 1 = 36

30 31: 31 − 1 = 30 · 38 39: 39 − 1 = 38

37 38: 37 + 1 = 38 · 34 35: 35 − 1 = 34

□안에 알맞은 수를 써넣어 보세요.

34 + 1 = 35	32 − 1 = 31
39 + 1 = 40	36 − 1 = 35
36 + 1 = 37	40 − 1 = 39
31 + 1 = 32	34 − 1 = 33
37 + 1 = 38	37 − 1 = 36
32 + 1 = 33	35 − 1 = 34
38 + 1 = 39	38 − 1 = 37

24 · 25

정답

2주차 P. 26~27

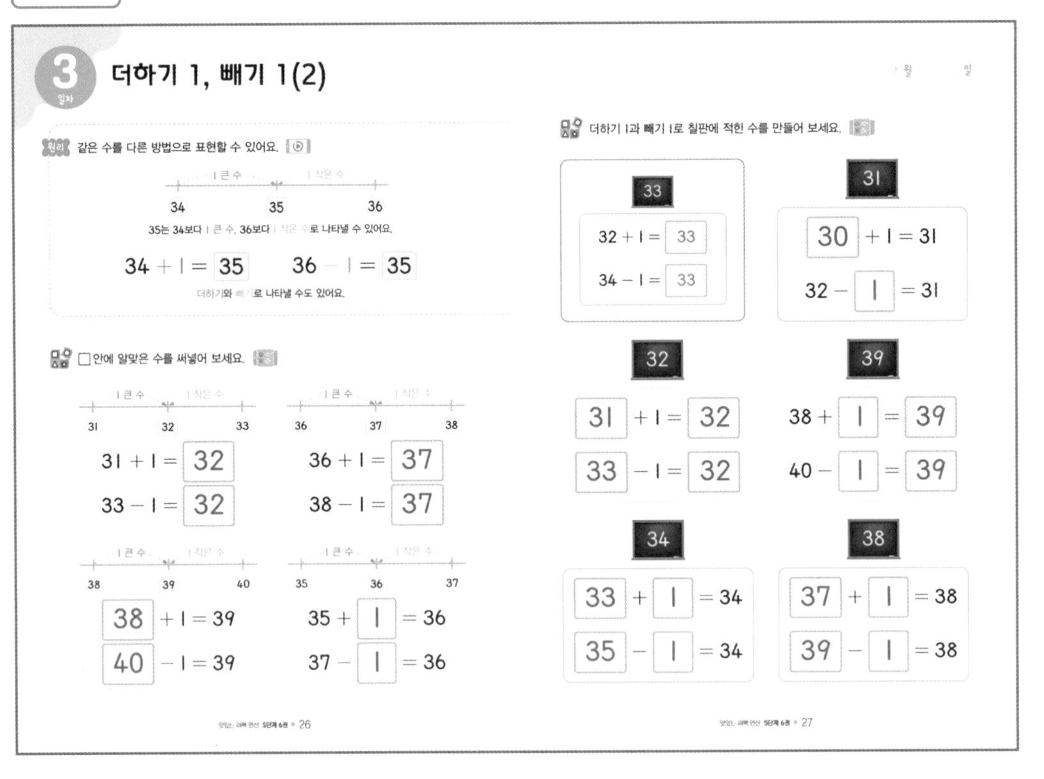

2주차 P. 28~29

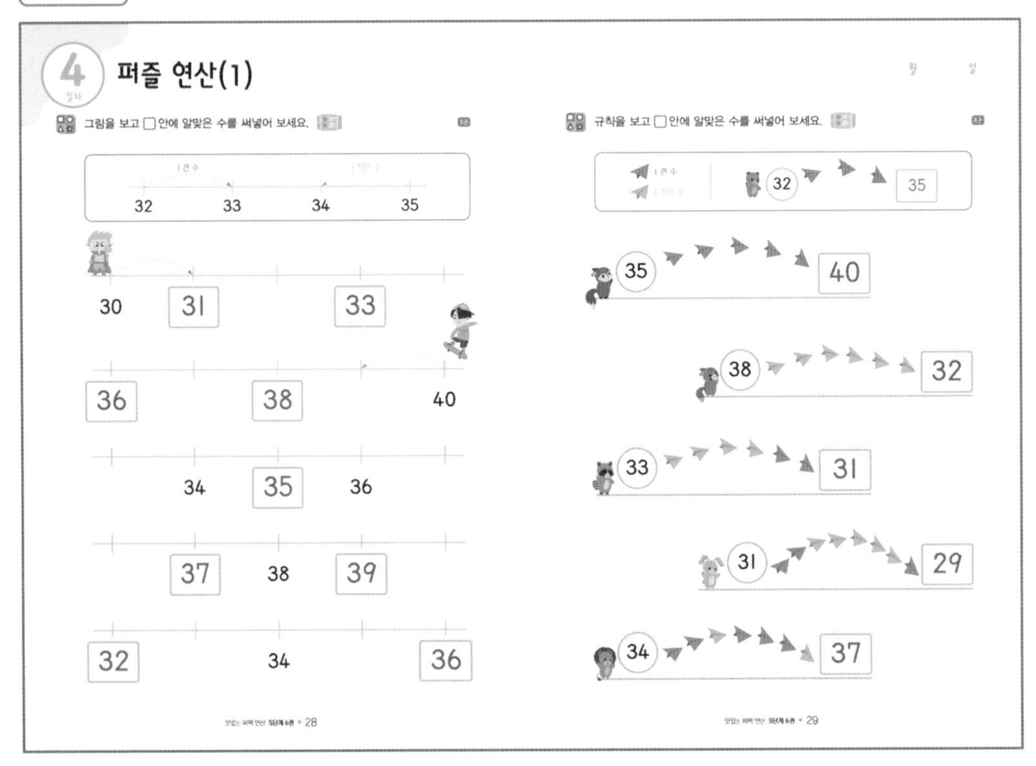

2주차 30~31

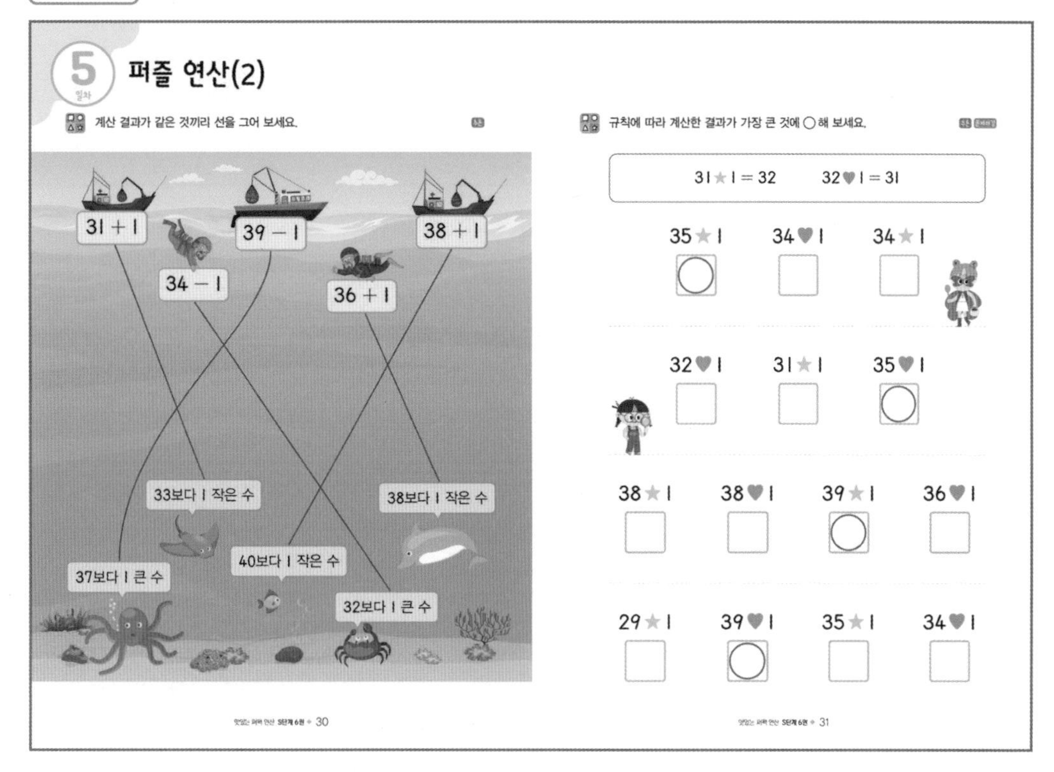

2주차 P. 32~33

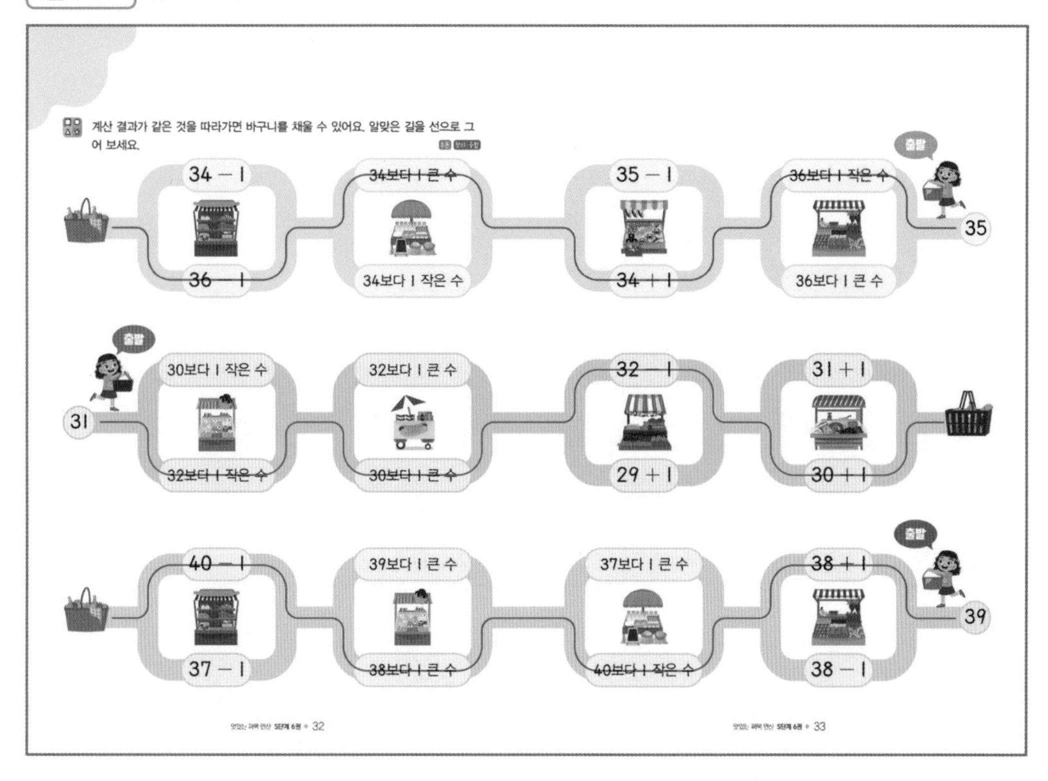

정답

2주차 P. 34

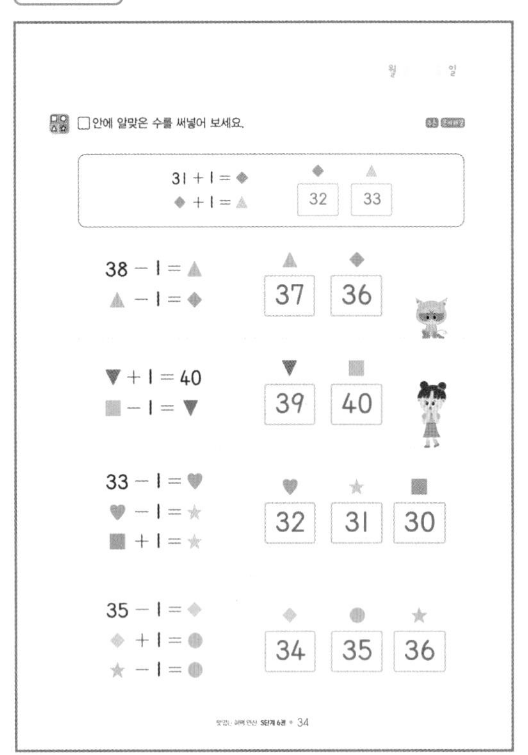

월 일
□안에 알맞은 수를 써넣어 보세요.
31 + 1 = ◆
◆ + 1 = ▲
32
33
38 − 1 = ▲
▲ − 1 = ◆
37
36
▼ + 1 = 40
■ − 1 = ▼
39
40
33 − 1 = ♥
♥ − 1 = ★
■ + 1 = ★
32
31
30
35 − 1 = ◆
◆ + 1 = ●
★ − 1 = ●
34
35
36
34

3주차 P. 36~37

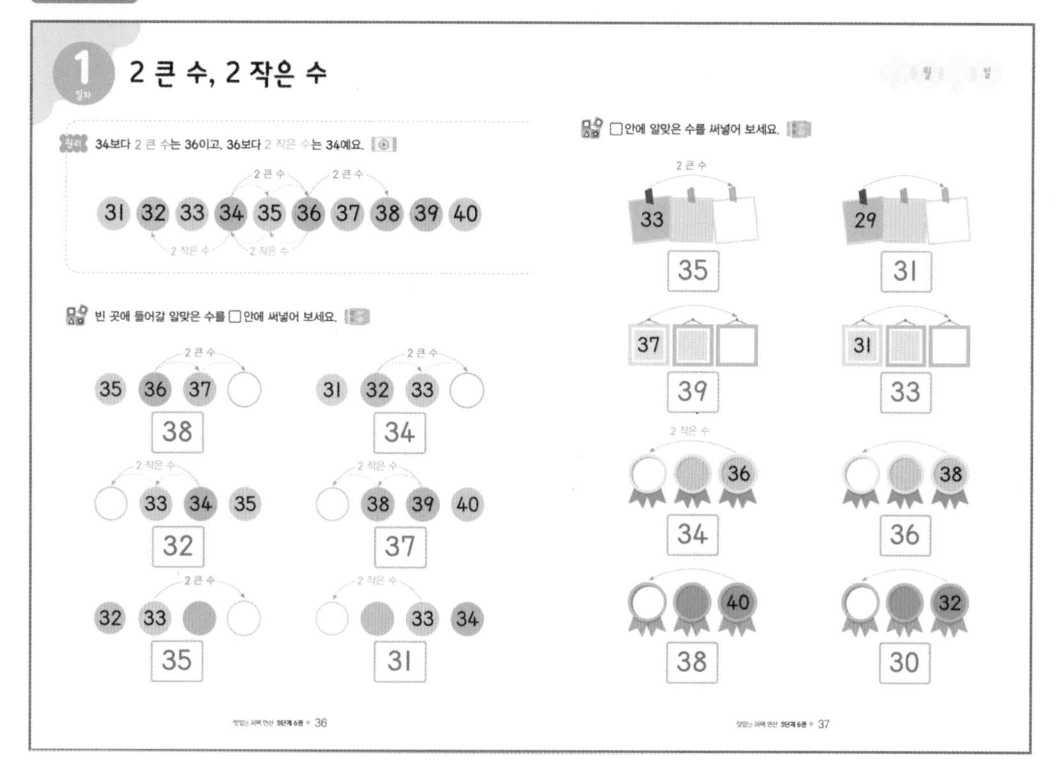

3주차 P. 38~39

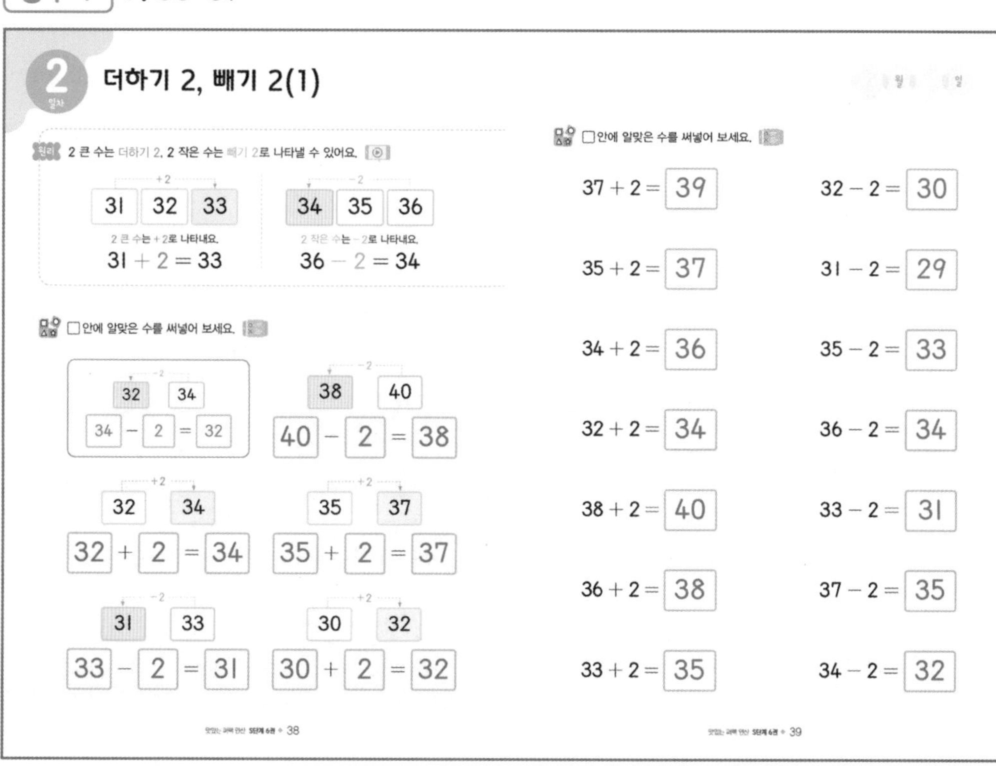

37 + 2 = 39
35 + 2 = 37
34 + 2 = 36
32 + 2 = 34
38 + 2 = 40
36 + 2 = 38
33 + 2 = 35

32 − 2 = 30
31 − 2 = 29
35 − 2 = 33
36 − 2 = 34
33 − 2 = 31
37 − 2 = 35
34 − 2 = 32

정답

3주차 P. 40~41

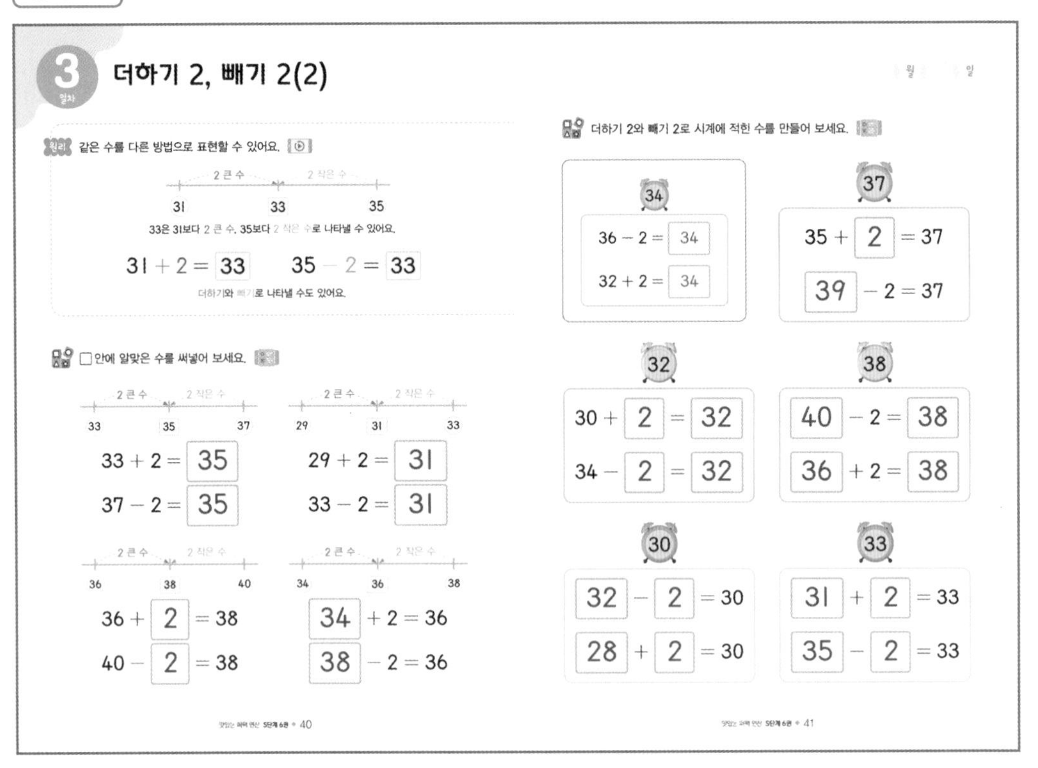

3주차 P. 42~43

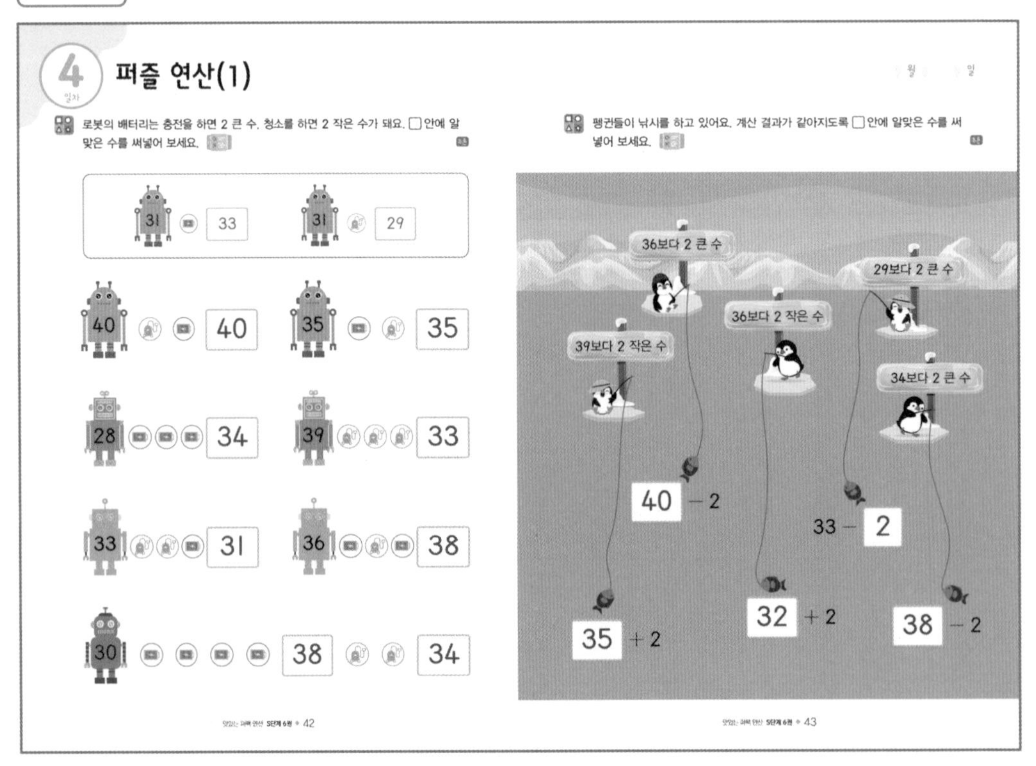

3주차 P. 44~45

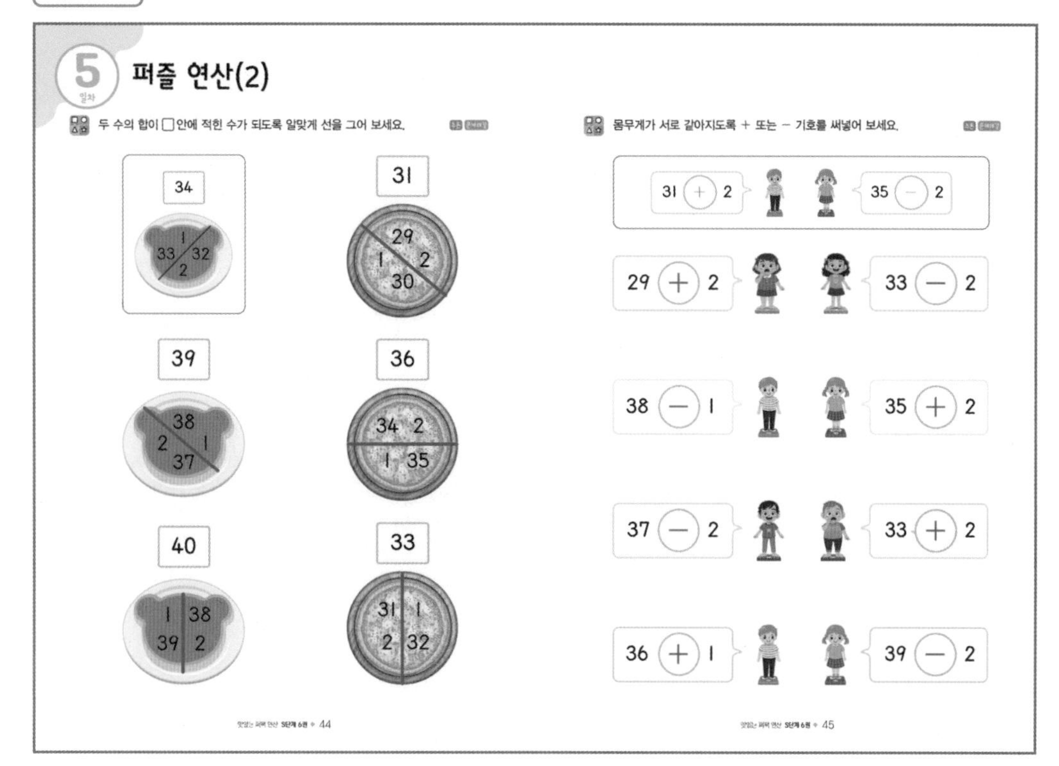

3주차 P. 46

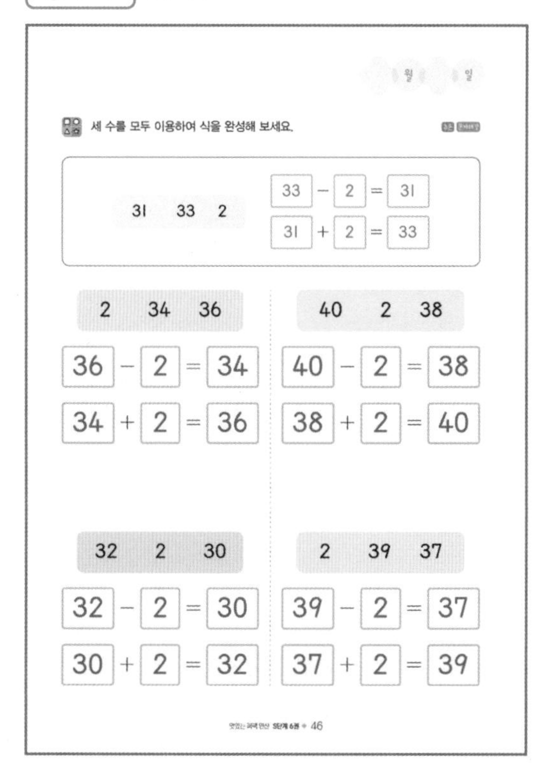

정답

4주차 P. 48~49

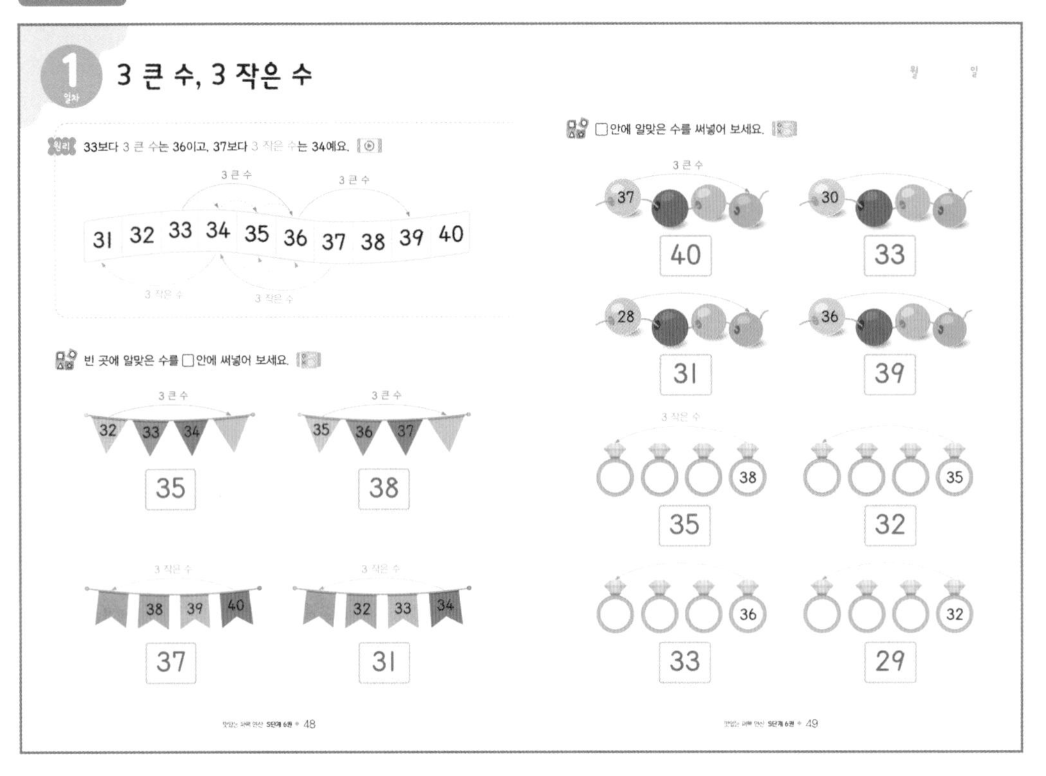

4주차 P. 50~51

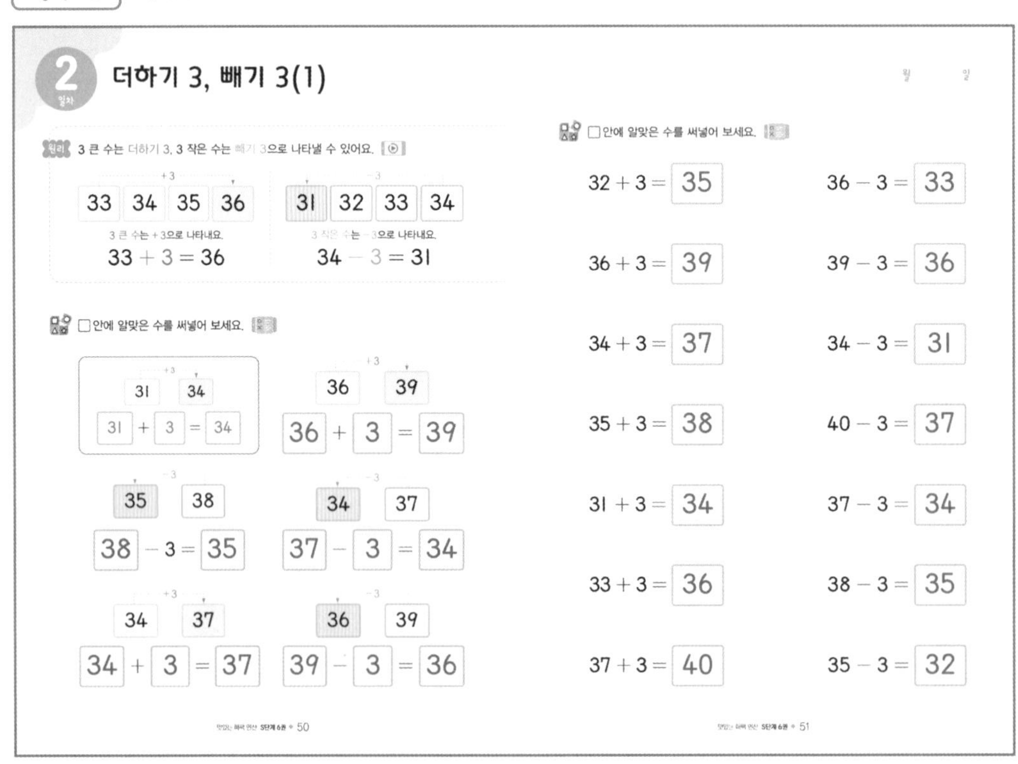

4주차 P. 52~53

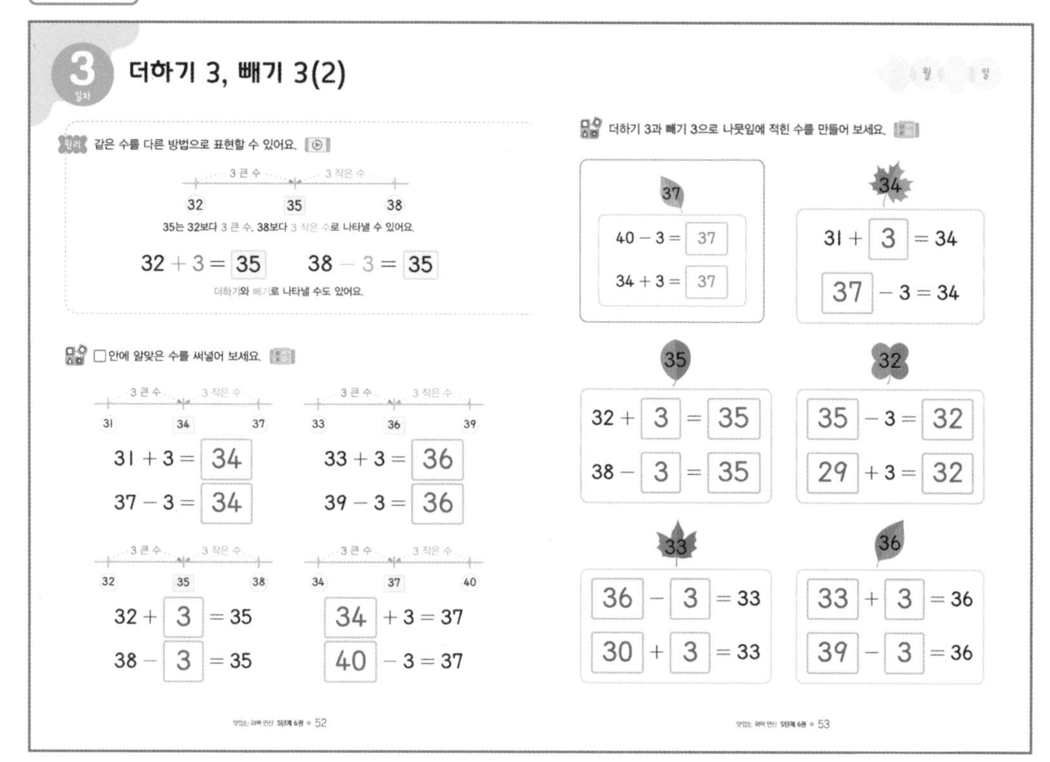

4주차 P. 54~55

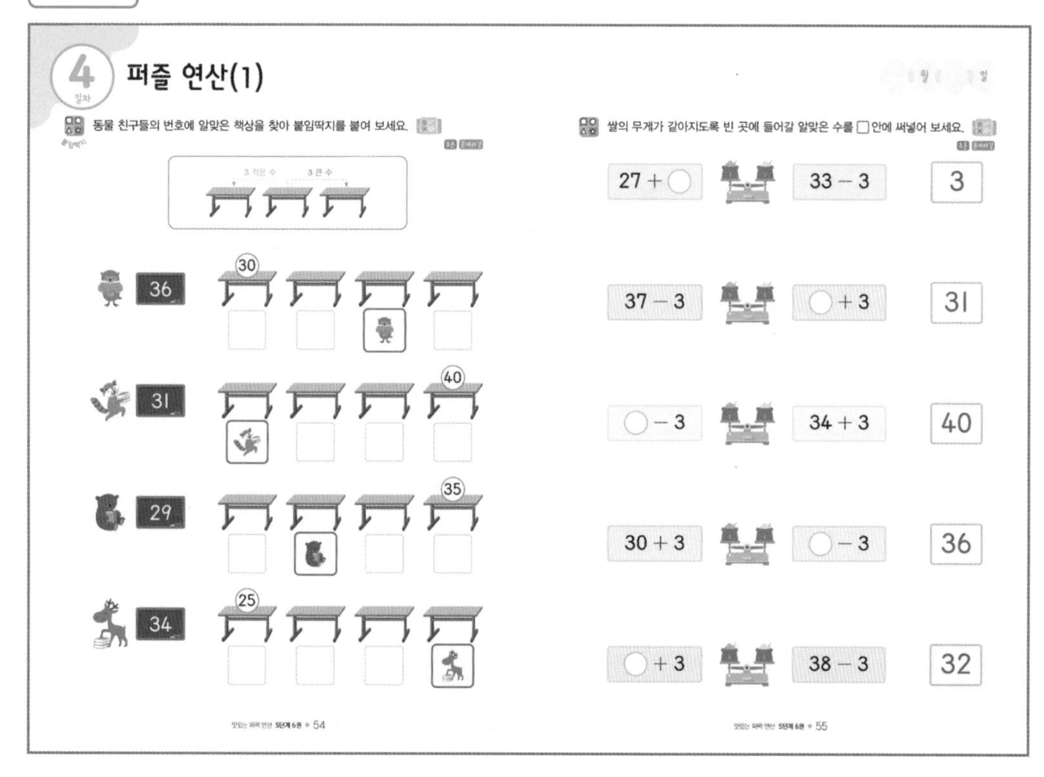

정답

4주차 P. 56~57

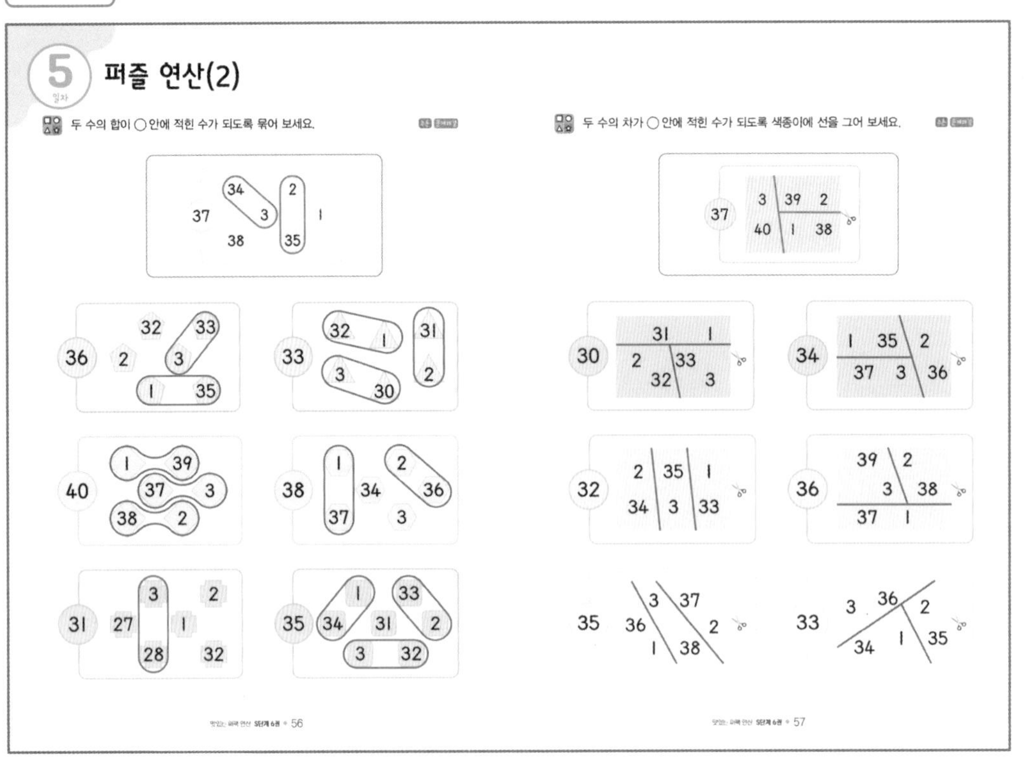

4주차 P. 58~59

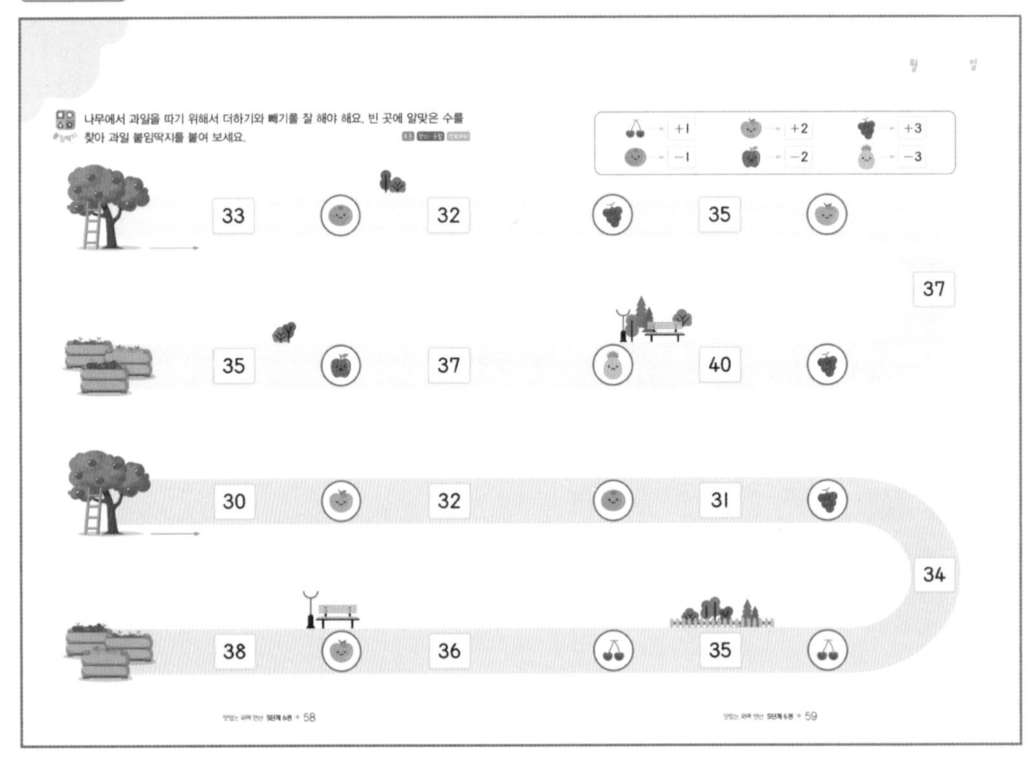

퍼팩 사고력 P. 60

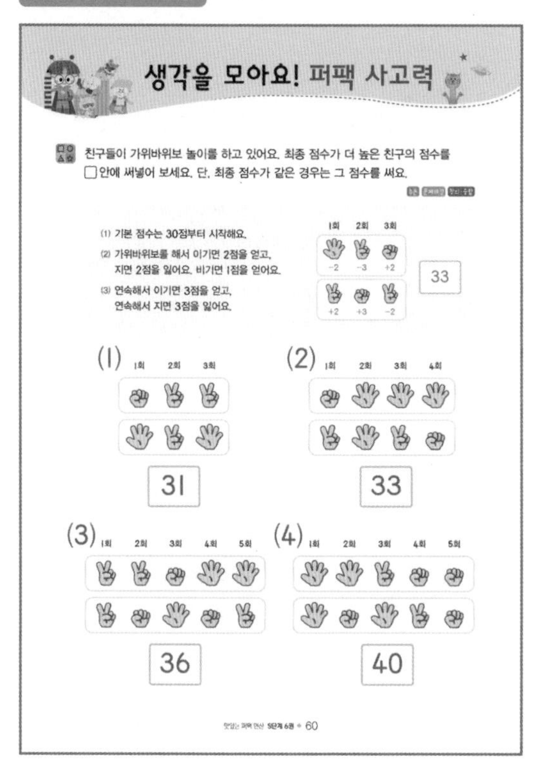
생각을 모아요! 퍼팩 사고력

친구들이 가위바위보 놀이를 하고 있어요. 최종 점수가 더 높은 친구의 점수를 □안에 써넣어 보세요. 단, 최종 점수가 같은 경우는 그 점수를 써요.

(1) 기본 점수는 30점부터 시작해요.
(2) 가위바위보를 해서 이기면 2점을 얻고, 지면 2점을 잃어요. 비기면 1점을 얻어요.
(3) 연속해서 이기면 3점을 얻고, 연속해서 지면 3점을 잃어요.

1회 2회 3회
−2 −3 +2
+2 +3 −2
33

(1) 31
(2) 33
(3) 36
(4) 40

풀이

(1) 1회 2회 3회

−2 +1 +2 → 31점

+2 +1 −2 → 31점

(2) 1회 2회 3회 4회

+2 +1 −2 +2 → 33점

−2 +1 +2 −2 → 29점

(3) 1회 2회 3회 4회 5회

+1 −2 −3 +2 −2 → 26점

+1 +2 +3 −2 +2 → 36점

(4) 1회 2회 3회 4회 5회

+1 +2 +3 +3 +1 → 40점

+1 −2 −3 −3 +1 → 24점

◆ 집중! 드릴 연산

1주차 P. 62~63

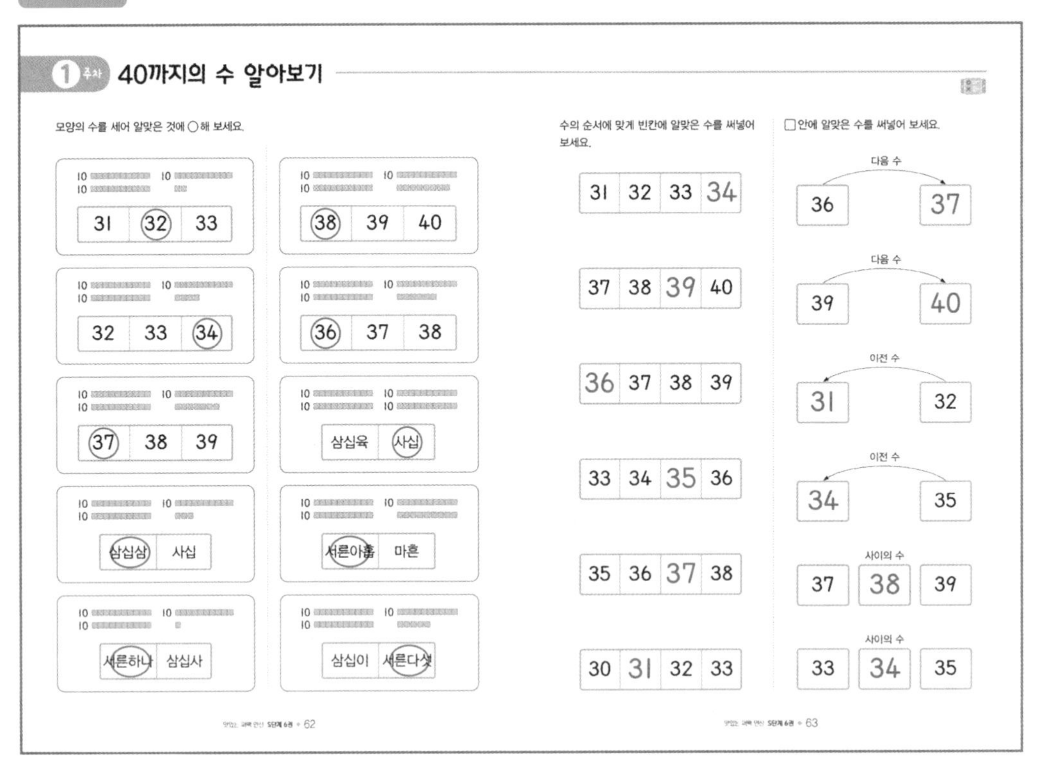

2주차 P. 64~65

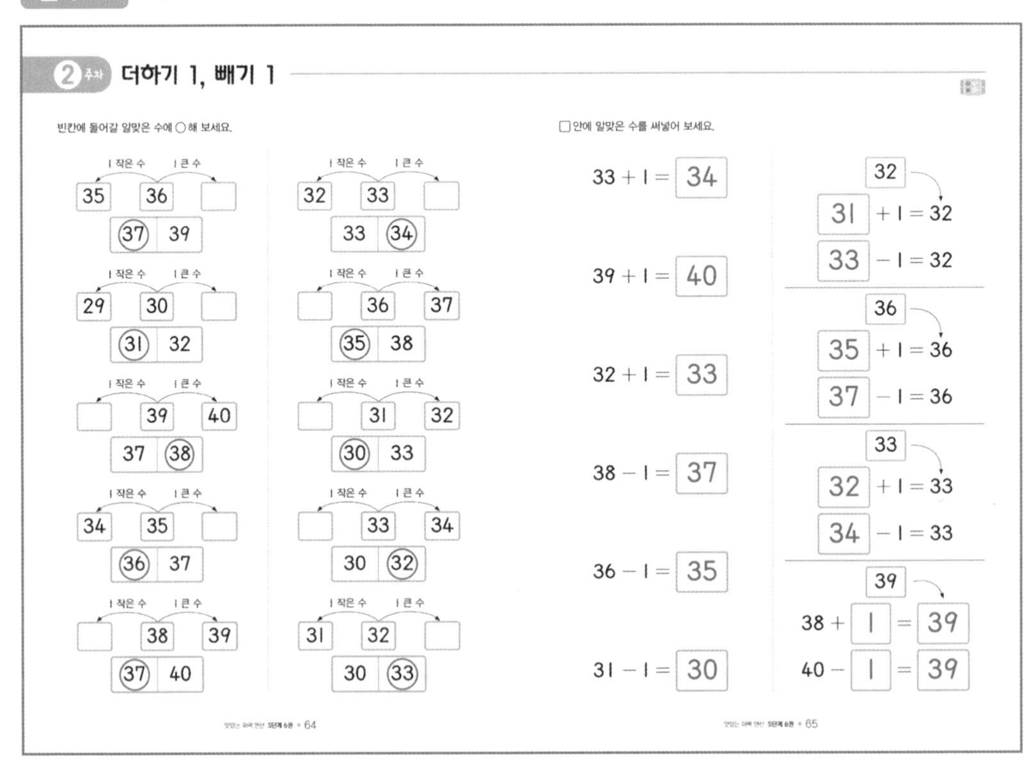

3주차 P. 66~67

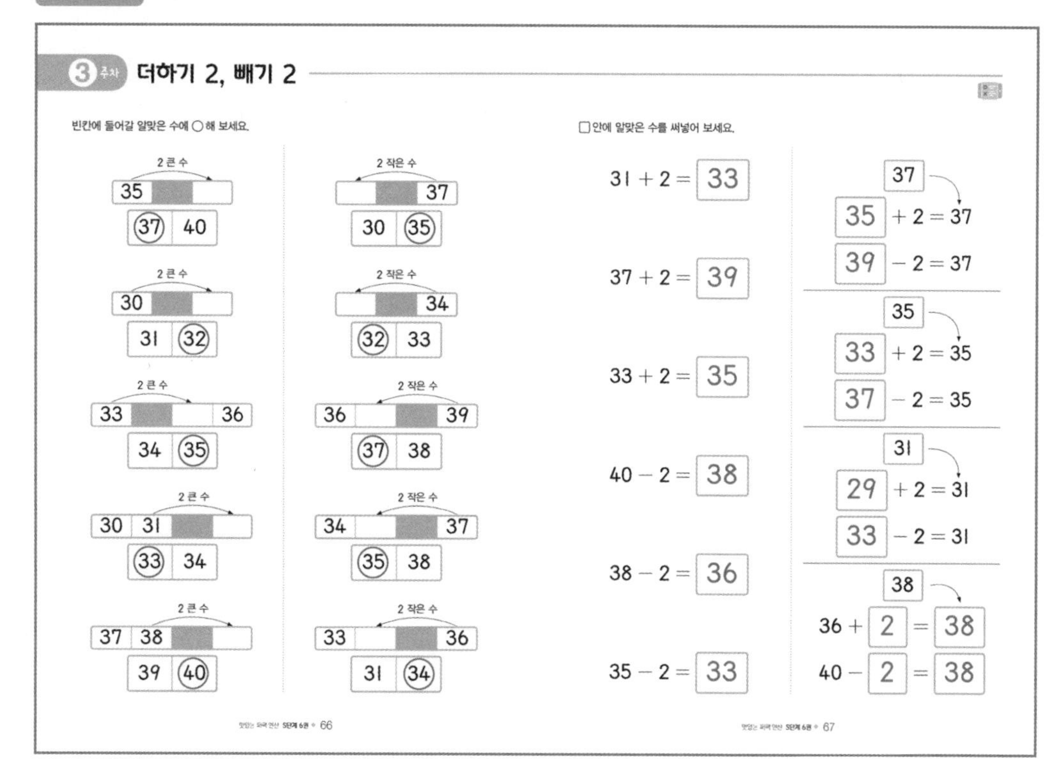

3주차 더하기 2, 빼기 2

빈칸에 들어갈 알맞은 수에 ○해 보세요.

- 2 큰 수: 35, ☐ → (37) 40
- 2 큰 수: 30, ☐ → 31 (32)
- 2 큰 수: 33, ☐, 36 → 34 (35)
- 2 큰 수: 30, 31, ☐ → (33) 34
- 2 큰 수: 37, 38, ☐ → 39 (40)
- 2 작은 수: ☐, 37 → 30 (35)
- 2 작은 수: ☐, 34 → (32) 33
- 2 작은 수: 36, ☐, 39 → (37) 38
- 2 작은 수: 34, ☐, 37 → (35) 38
- 2 작은 수: 33, ☐, 36 → 31 (34)

☐안에 알맞은 수를 써넣어 보세요.

- 31 + 2 = 33
- 37 + 2 = 39
- 33 + 2 = 35
- 40 − 2 = 38
- 38 − 2 = 36
- 35 − 2 = 33

- 37: 35 + 2 = 37, 39 − 2 = 37
- 35: 33 + 2 = 35, 37 − 2 = 35
- 31: 29 + 2 = 31, 33 − 2 = 31
- 38: 36 + 2 = 38, 40 − 2 = 38

4주차 P. 68~69

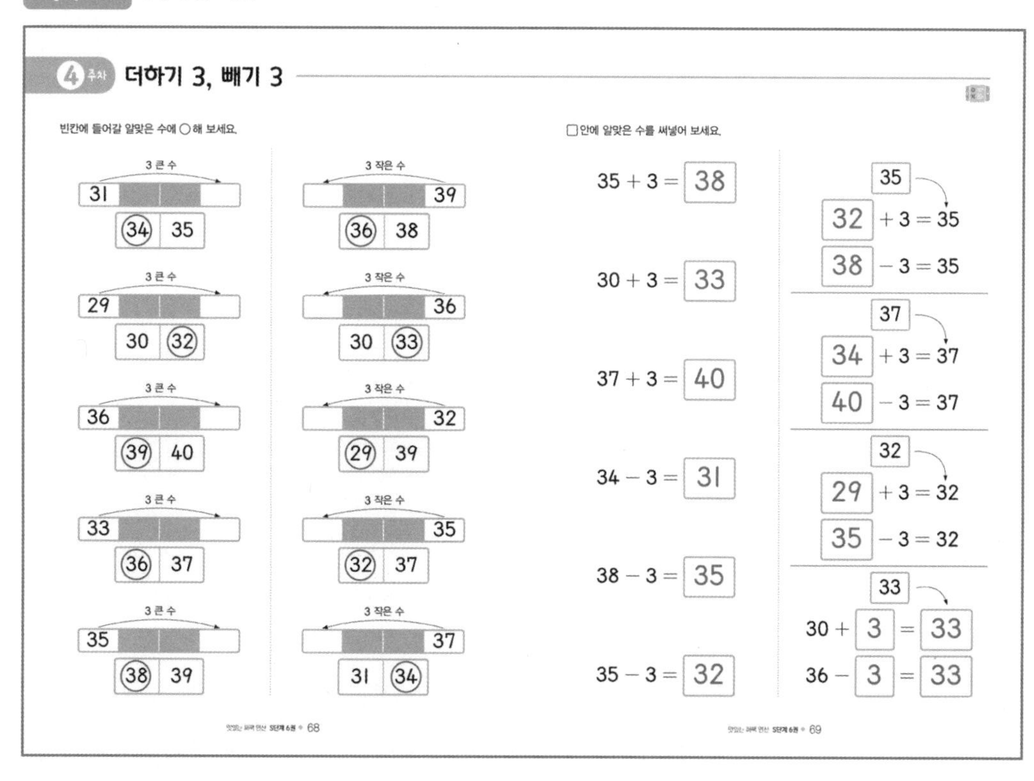

4주차 더하기 3, 빼기 3

빈칸에 들어갈 알맞은 수에 ○해 보세요.

- 3 큰 수: 31, ☐ → (34) 35
- 3 큰 수: 29, ☐ → 30 (32)
- 3 큰 수: 36, ☐ → (39) 40
- 3 큰 수: 33, ☐ → (36) 37
- 3 큰 수: 35, ☐ → (38) 39
- 3 작은 수: ☐, 39 → (36) 38
- 3 작은 수: ☐, 36 → 30 (33)
- 3 작은 수: ☐, 32 → (29) 39
- 3 작은 수: ☐, 35 → (32) 37
- 3 작은 수: ☐, 37 → 31 (34)

☐안에 알맞은 수를 써넣어 보세요.

- 35 + 3 = 38
- 30 + 3 = 33
- 37 + 3 = 40
- 34 − 3 = 31
- 38 − 3 = 35
- 35 − 3 = 32

- 35: 32 + 3 = 35, 38 − 3 = 35
- 37: 34 + 3 = 37, 40 − 3 = 37
- 32: 29 + 3 = 32, 35 − 3 = 32
- 33: 30 + 3 = 33, 36 − 3 = 33

memo